교 과 서 에
나　오　지
않　　　는
융　복　합
이　야　기

[공규택 김승원 지음]

----- 교과서에 나오지 않는 -----

융복합 이야기

......지식의 고리를 연결하는 놀라운 생각들......☆

융복합, 조화와 가능성의 다른 이름

바야흐로 4차 산업혁명 시대에 접어들었다. 1~3차 산업혁명을 주도했던 증기기관, 전기, 컴퓨터와는 비교되지 않는 최첨단 산업이 우리 사회를 혁명적으로 변화시킬 것이다. 빅데이터, 인공지능, 사물인터넷, 클라우딩과 같은 디지털 기술이 인간과 인간, 사물과 사물, 인간과 사물 등 이 세상 모든 것을 연결하고 있다. 이제 인류의 삶을 근본적으로 바꿀 기술혁명 직전에 와 있다. 4차 산업혁명이 우리 삶에 어느 정도까지 영향을 미칠지 아무도 모른다. 다만 이전에 인류가 경험한 모습과 전혀 다를 것만은 확실하다.

4차 산업혁명 시대를 앞두고 우리 사회에 융합, 복합 등의 말이 시대적 키워드로 떠오르고 있다. 융합과 복합이 지닌 뜻에는 서로 다른 것이 합쳐진다는 공통점이 있다. 그러나 단순히 합쳐지는 것에 그치지 않고, 여러 요인이 함께 작용하여 하나씩 작용할 때보다 효과가 더 커지는 상승효과가 생긴다. 학문 분야에서는 융합, 복합과 비슷한 개념인 '통섭(Consilience)'이라는 말도 심심찮게 들린다. 또 '하이브리드(Hybrid)'는 공학과 관련하여 자주 쓰이고, '크로스오버(Crossover)' 혹은 '퓨전(Fusion)'은 문화·예술계를 중심으로 자주 쓰이는데, 성질이 다른 두 요소의 만남을 함축한 말이다. 이런 말들을 듣고 있으면 무엇인가를 서로 '통합'하고 '결합'하는 지점에서 묘한 에너지가 발생하고, 새로운 가능성이 모락모락 피어나는 것을 느낄 수 있다.

최근에는 융합, 복합, 통섭, 하이브리드, 크로스오버, 퓨전, 통합, 결합과 같은 비슷한 개념들을 '컨버전스(Convergence)'라는 용어에 담아 쓰고 있기도 하다. 이 말은 '경계가 무너지면서 사실상 하나가 된다'는 넓은 의미를 가지고 있다. 주로 IT 분야에서 '디지털 컨버전스'라는 말로 쓰이고 있다. 이 책에서는 더 많은 분야에서 활발하게 사용되길 바라는 마음에서 컨버전스를 우리말로 바꾼 '융복합'을 사용하고자 한다. '융합'은 "다른 종류의 것이 녹아서 서로 구별이 없게 하나로 합해지는 일"을 의미하고, '복합'은 "두 가지 이상을 하나로 합치는 것"을 말한다.

그래서 융복합은 학문 사이에서만 일어나는 거창한 일이 아니라 일상생활 어디에서나 일어날 수 있는 흔한 일이다. 각각 다른 종류의 반찬을 한데 비비면 서로 구별이 안 될 정도로 새로운 맛을 지닌 비빔밥이 탄생한다든지, 서로 다른 음료를 섞어서 전혀 예상하지 못한 새로운 칵테일을 제조하는 것도 우리 일상에서 볼 수 있는 융복합의 예이다. 또한 제각기 다른 분

경계선에서 나의 빛을 내는 사람 이야기

: 저자의 말

야의 사람들이 공동 작업을 시도하는 협업이라는 의미를 가진 '컬래버레이션(Collaboration)'도 넓은 의미에서 융복합에 넣을 수 있다.

초등학교 미술 시간에 했던 인상적인 경험이 아직까지 기억에 선명하다. 빨간색과 파란색 물감을 섞었을 때 보라색이 눈앞에 마술처럼 펼쳐졌던 순간을 잊을 수 없다. 파란색과 노란색 물감이 섞여 풀잎처럼 싱싱한 초록색 물감이 탄생한 것도 놀라운 경험이었다. 그 후로 나는 한동안 물감 섞기를 놀이처럼 즐겼다. 이때 깨달은 것이 있다. 색상환에서 서로 인접한 색은 아무리 섞어도 늘 비슷한 색만 나온다는 것, 빨강색과 주황색 물감은 섞어 보았자 별로 놀라울 것 없는 색이 나온다는 사실이다. 그다지 예쁜 색도 아니었다. 나에게 즐거운 쾌감을 선사했던 경험은 멀리 떨어진 물감들이 섞였을 때였다.

인류의 역사를 되돌아보면 굉장한 성과는 늘 서로 다른 성질을 가진 것이 합쳐졌을 때, 혹은 충돌하는 지점에서 이루어졌다. 다른 성질을 가진 것이 결합하면 언제나 새로운 무언가가 탄생하고, 낯선 것이 충돌하는 지점에는 에너지가 가득한 법이다.

예를 들어 고대 그리스 시절 알렉산더 대왕은 페르시아 제국을 점령한 이후 수많은 나라들을 정복하였다. 그러나 정복한 나라의 전통과 문화를 거부하지 않고 존중함으로써 서로 달랐던 그리스 문화와 동방의 문화, 즉 서양 문화와 동양 문화가 어우러지는 기회를 만들었다. 그 융복합의 결과 아주 독특한 '헬레니즘 문화'를 꽃피우게 되었다.

또 우리가 찬양하는 세종대왕의 '훈민정음'도 융복합의 산물이었다. 자음은 철저히 음성학적·해부학적 지식에 기댄 과학적 산물이었고, 모음은 철학적 상상력으로 만들어 낸 인문학적 산물이었다. 과학적 자음과 인문학적 모음이 서로 어울려 만들어진 완벽한 문자 체계가 바로 훈민정음이다. 디지털 컨버전스의 예로 많이 드는 스마트폰 역시 전화, 뮤직 플레이어, 카메라, TV, 게임기와 같은 온갖 IT 기기의 융복합이다.

최근 무섭게 발달하고 있는 인공지능과의 경쟁에서 사람이 살아남기 위해 반드시 가져야 할 능력으로 각 분야의 전문가들은 창의력과 인성, 그리고 융복합 능력 및 협업 역량 등을 우선순위로 꼽았다고 한다. 협업 역량은 다른 분야에서 일하는 사람들이 서로 협력하는 것을 전제로 하기 때문에 융복합 능력과 통하는 면이 있다. 결국 창의성, 인성, 융복합 이 세 가지 요소가 미래의 인재가 갖추어야 할 핵심 능력에 가깝다고 할 수 있다.

이 책은 이전에 쓴 『교과서에 나오지 않는 발칙한 생각들』과 『교과서에 나오지 않는 착한 생각들』에 이은 세 번째 출간이다. 이 책들을 기획하게 된 데는 교과서, 즉 학교 교육에서 본격적으로 다루기 힘든 교육 영역이 바로 '창의성, 인성, 융복합'이라고 생각했기 때문이다. 교과서는 주로 모범적인 지식을 싣기 때문에 '창의성을 가진 발칙한 생각들'은 교과서에 실리기 힘들 수밖에 없다. 또 입시와 실용 위주의 교육 환경에서 '착한 생각들'이라고 이름 붙인 인성에 관해서 제대로 다루는 데도 한계가 있을 수밖에 없다. 그리고 이번엔 『교과서에 나오지 않는

: 저자의 말

융복합 이야기』를 집필하며 시간표가 과목별로 경계를 가지고 있는 한, 시간표의 경계가 무너져 여러 명의 선생님이 협업하는 수업이 진행되지 않는 한 융복합은 교과서에서 다루기 힘들다는 걸 다시 한 번 느꼈다.

어떤 분야의 전문성이 높아지고 그 속도가 빨라질수록 오히려 전문성이라는 깊은 우물에 빠져 좀처럼 밖으로 빠져나오기 힘들다. 다른 전문가와 협업하려는 노력 그리고 다른 전문 지식과 자신의 지식을 연결하려는 노력이 없이는 미래 사회에서 살아남기 힘들지도 모른다. 미래 사회에서 승리하는 사람은 '다리'를 놓고, 패배자는 '벽'을 쌓는다고 한다. 여러분의 주변을 살펴보고 지식의 다리를 놓아 보자. 여기저기 쌓아 놓은 벽을 허물고 지식의 '링크'를 걸어 보자. 세상의 모든 지식은 모두 연결되어 있다. 원래부터 그들은 하나였기 때문이다.

2018년 여름
공규택·김승원

차례

| 2부 |

일상에서 융복합의 단서를 찾다

1부

일상속으로
더 즐겁고 흥미롭게

오래된 이야기가 최신 기술을 만났을 때

: 옛날이야기가 증강현실이 되다

어떤 게임의 탄생

1965년 일본 도쿄에서 태어난 타지리 사토시는 어려서부터 유달리 곤충을 좋아하는 아이였다. 사토시는 또래와 노는 대신 혼자 산과 들에 다니며 곤충 잡는 일에 몰두하기 일쑤였다. 단순히 재미 삼아 잡은 것만은 아니었다. 그는 채집한 곤충을 곤충표본으로 만들어 모았다. 뿐만 아니라 자신이 잡은 곤충을 곤충도감과 대조해 가며 다양한 곤충에 대한 해박한 지식도 쌓았다.

그러던 사토시가 청소년이 되고 우연히 전자오락실에 간 후 인생이 변하기 시작했다. 게임 실력이 뛰어났던 것은 물론, 게임 아이디어 공모전에 수시로 응모할 정도로 게임을 즐겼던 그는 동네에서 모르는 사람이 없는 게임광이 되었다. 급기야 17살에는 게임 관련 잡지를 손수 창간하기도 했다.

한편 1990년대 초부터 게임 회사인 닌텐도에서 개발한 휴대용 게임기 '게임보이'가 크게 유행하기 시작했다. 그중 특히 인기 많은 게임이 테트리스였는데, 사토시가 그냥 지나칠 리 없었다. 한동안 테트리스를 즐기던 사토시에게 한 가지 생각이 스쳤다.

'나도 이렇게 단순하고 재미있는 게임을 만들 수 없을까?'

그러던 어느 날 사토시는 자신이 관심 있었던 곤충을 떠올렸다.

'다양한 곤충 아이템을 서로 교환하며 곤충을 수집하는 게임을 만들면 어떨까?'

사토시는 이 아이디어를 당시 게임 업계에서 일하던 친구에게 들려주었다. 친구는 아이디어를 듣자마자 대박을 예감하고 사토시가 직접 작성한 기획서를 자신의 회사에 제출했다. 기획서를 마음에 들어 한 닌텐도와 계약한 사토시는 구체적인 게임 개발에 들어갔다. 게임 캐릭터는 곤충을 변형한 몬스터였다. 게임 개발은 처음 생각만큼 쉽지 않은 작업이었다. 다양한 게임 시나리오를 검토하다가 몬스터끼리 대결하는 전투 모드를 생각해 보기도 했다. 그러나 결국 다양한 몬스터를 수집해 게임 사용자의 도감을 완성해 가는 쪽으로 가닥을 잡았다.

게임의 큰 틀은 잡았지만 캐릭터를 개발하는 과정에서 다시

오래된 이야기가
최신 기술을 만났을 때

어려움에 부딪혔다. 게임 개발을 시작한 원천이 사토시의 관심사인 곤충이었지만, 다양하고 창의적인 게임 캐릭터를 개발하는 데 곤충만으로는 한계가 있었다. 좀 더 신선하고 개성 있는 캐릭터를 만들기 위해 다른 분야를 활용할 필요가 있었다. 사토시는 팀원들에게 도움을 요청했고, 아이디어가 부족할 때마다 10명이 넘는 팀원이 회의를 거듭하며 새로운 캐릭터를 만들어 갔다. 이런 과정을 통해 사토시가 일차적으로 완성한 캐릭터만 무려 150개였다. 사토시가 훗날 "이 게임은 나 혼자 만든 게 아니라 우리 팀원 모두가 함께 만든 게임이다"라고 말할 정도로 팀원끼리의 협업이 돋보인 작업이었다.

6년 남짓한 개발 과정을 거쳐 1996년에 드디어 첫선을 보인 게임이 바로 '포켓몬스터(Pokemon)'이다. 게임은 출시하자마자 장안의 화제가 되었고, 제작과 배급을 맡은 닌텐도는 한껏 고무되었다. 여기에 그치지 않고 애니메이션까지 제작한다. 남자아이들뿐만 아니라 여자아이들도 게임에 관심을 가지게 할 목적이었다. 1997년에 TV에서 방영되기 시작한 〈포켓몬스터〉 역시 아이들에게 폭발적인 인기를 끌었다. 이제는 누구에게나 친숙한 '피카츄'가 유명세를 탄 것도 수많은 포켓몬 중에 피카츄가 애니메이션의 주인공이었기 때문이다. 더불어 포켓몬스터와 관련된 상품이 불티나게 팔리기 시작했다. 영화나 TV 애니메이션은 물론 〈포켓몬스터〉 주제가, 포켓몬 인형과 장난감, 포켓몬 과자, 포켓몬 카드 등 모든 상품이 사회적 붐을 일으킬 정도로 엄청난 성공을 거두었다. 포켓몬스터는 그야말로 하나

의 콘텐츠를 여러 매체로 활용하는 '원소스 멀티유즈(One-Source Multi-Use)'의 본보기가 되었다.

증강현실과 결합하여 다시 Go

한창 성장하고 있는 최첨단 기술 중에 '증강현실(Augmented Reality, AR)'이 있다. 문자 그대로 해석하면 현실에 무엇인가를 더하여 강점이 생기게 하는 기술인데, 일반적으로 현실에 가상의 이미지나 정보를 덧입혀 보여 주는 기술을 말한다.

2016년 7월, 포켓몬스터는 최첨단 증강현실 기술과 결합해

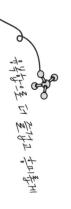

왜냐하면 더 즐겁고 유익하게

오래된 이야기가
최신 기술을 만났을 때

한 단계 진화한 새로운 게임으로 세상에 모습을 드러낸다. 바로 '포켓몬 고(Pokemon GO)'이다. 포켓몬 고에는 증강현실뿐만 아니라 구글 지도, 위성위치확인시스템(GPS) 등이 결합되어 모바일을 기반으로 한 파격적인 게임으로 다시 태어났다. 게임 사용자는 스마트폰에서 게임을 실행하면 자신이 서 있는 현실 공간에서 포켓몬이 나타났다 사라지는 현상을 경험할 수 있다. 다양한 최첨단 기술이 게임과 융복합되자 게임 공간과 현실 공간이 뚜렷하게 구별되는 이분법에서 벗어났다. 이제 게임과 현실의 경계가 분명하지 않은 새로운 패러다임을 지닌 게임이 탄생하게 된 것이다.

인문학 전설과의 융복합에서 시작된 포켓몬스터

현재 포켓몬 캐릭터는 초창기에 만든 150개에서 파생 혹은 진화되어 700개가 넘는다고 알려져 있다. 현실에 존재하지 않는 수많은 캐릭터는 어디에서 시작되었을까? 앞서 말했듯이 일차적으로는 사카시가 곤충의 형태에서 실마리를 얻었을 것이다. 그런데 포켓몬스터의 원형을 추적할 때, 제일 먼저 지목되는 문화 콘텐츠는 고대 중국의 신화집 『산해경(山海經)』이다.

『산해경』은 동아시아 지역의 신화를 담은 일종의 신화 모음집으로, 기원전 3~4세기경에 쓰였다. 이 책에 담긴 이야기들은 그냥 잡기(雜記)가 아니라 인문학적 상상력의 원형이라는 가치를 가지고 있다. 중국은 물론 한국, 일본, 베트남, 몽골 등 극동 지방과 동남아시아까지 아우르는 고대 문화의 흔적을 엿볼 수 있다.

『산해경』은 여러 산과 바다를 따라 각 지방에 떠도는 다양한 이야기를 담았다. 중국을 중심으로 그 변방에 존재하는 기이한 인간과 동식물, 요괴에 대한 기록과 그림이 있고, 여러 영웅이나 신들에 대한 기록도 있다. 가령 『산해경』에 언급된 기이한 사람 중에는 가슴에 구멍이 뚫린 사람, 사지가 잘린 사람, 팔이 하나에 눈이 셋 달린 사람, 얼굴은 사람이고 몸통이 물고기인 사람 등 신화적 상상력으로 만들어진 사람들이 등장한다. 사람 이외에 동식물 혹은 괴물들은 과연 어떤 모습으로 등장할까?

> 다시 동쪽으로 300리를 가면 청구산이라는 곳인데 그 남쪽에서는 옥이, 북쪽에서는 청호가 많이 난다. 이곳의 어떤 짐승은 생김새가 여우 같은데 아홉 개의 꼬리가 있으며 그 소리는 마치 어린애 같고 사람을 잘 잡아먹는다.
>
> – 정재서 옮김, 『산해경』, 민음사, 1996

인용 글에서 말하는 짐승은 바로 구미호이다. 이처럼 『산해경』에는 기이한 요물이나 요괴를 묘사하는 문장이 반복된다. 어느 산과 바다에는 어떤 요괴가 있다고 친절하게 안내한다. 마치 지리적 지식을 함께 곁들인 요괴도감 같다. 실제 포켓몬스터에 나오는 많은 캐릭터가 『산해경』에 등장한 괴이한 생명

무한으로 더 즐기기 위하여

오래된 이야기가
최신 기술을 만났을 때

체들의 모습과 비슷한 생김새를 가지고 있다. 『산해경』 속 요괴
들의 차용(빌려다 씀) 또는 재해석이라고 할 만하다.

　그렇다면 '구미호'는 포켓몬스터에서 어떤 캐릭터로 활용되
었을까? 바로 포켓몬 '나인테일'이 구미호를 꼭 닮았다. 그 밖
에도 『산해경』을 한 장씩 넘기다 보면 많은 포켓몬들이 책 속
요괴와 닮아 있다는 것을 확인할 수 있다. 머리 하나에 팔이 여
러 쌍 달려 있는 '삼신국 사람'은 '괴력몬'과, 얼굴이 몸통에 있
고 싸움을 좋아하는 '형천'은 '시라소몬'과, 물을 다스리며 유
선형 몸에 지느러미와 꼬리가 있는 '여비어'는 '쥬레곤'과 각각
닮아 있다. 또 풍년을 부르는 잉어라는 '문요어'는 '잉어킹'과,
호랑이 몸통에 사람 얼굴을 하고 있는 '유'는 '윈디'와, 머리가
둘 달린 새 '첩조'는 '두두'와 닮아 있음을 확인할 수 있다. 그

러면 우리의 귀요미 주인공 '피카츄'는 누구를 닮았을까?『산해경』요괴 중 꼬리에 삐죽삐죽한 털이 있고, 두 귀가 오뚝하며, 옆에 데리고 다니면 어느 순간 근심이 사라진다고 하는 '굴굴'이 있다. 겉모습은 다소 차이가 있지만 주인공 지우가 늘 피카츄를 데리고 다닌다는 사실을 참고할 때 영락없는 피카츄의 모델이다.

옛날이야기의 힘과 가능성

『산해경』속 신화와 전설을 바탕으로 한 콘텐츠가 이야기가 되어 포켓몬스터 캐릭터에 녹아들었다. 증강현실이 포켓몬스터와 결합하기 이전에 게임의 시작이 된 더욱 중요한 결합이다. 그리고 수천 년 후에 비로소 증강현실과 만나 모바일 게임 포켓몬 고가 탄생했다.

일본에서는 20세기 초부터 꾸준히 요괴를 연구하고 있으며, 요괴를 탐구하는 요괴학이 학문으로 정립되어 있다. 지금도 대학에서 요괴연구회, 세계요괴협회가 활동하고 있다. 한문으로 된 중국의 『산해경』을 일찍이 일본어로 번역한 것도 학문적 노력의 일부분이다. 일본판『산해경』은 원전에 없는 많은 삽화가 추가되어 원전보다 더 가치 있는 책으로 평가받기까지 한다. 결국 포켓몬스터는 어느 날 게임 제작 회의에서 갑자기 만들어진 것이 아니라, 오랜 문화적 전통과 요괴에 대한 학문적 토대

24

온고지신(溫故知新), 옛것을 익혀 새것을 안다고 했다.
옛날이야기와 새로운 기술이 만나면
무한한 가능성이 펼쳐진다.

위에서 나왔다. 포켓몬스터 시리즈는 낡고 답답하다거나 터무니없다고 취급받던 옛날이야기가 현대의 스토리 산업과 융복합된 성과물인 셈이다.

　중국은 포켓몬 고에 자기 나라의 콘텐츠가 활용된 사실을 뒤늦게 알고 최근에 '산해경 GO'라는 유사한 게임을 만들었다. 그동안 자신들의 이야기로 다른 나라에서 돈을 벌고 있다는 사실에 기분이 좋지만은 않았을 것이다. 게임 방식은 포켓몬 고와 거의 똑같고, 다만 게임에 등장하는 캐릭터를 『산해경』에 등장하는 요괴로 바꾸어 쓰고 있을 뿐이다. 그래서인지 게임 사용자들의 반응은 신통치 않다. 아무리 좋은 신화와 옛날이야기를 갖고 있다고 해도 어울리는 콘텐츠와 적절하게 융복합되지 않으면 아무 소용이 없다. 더불어 옛날이야기가 활용되는 시대적 타이밍도 중요하다. 여러분도 우리 주변을 한번 돌아보자. 포켓몬 못지않은 최강의 게임으로 탄생할, 우리가 미처 살피지 못한 훌륭한 이야깃거리가 혹시라도 내팽개쳐 있지는 않은지 말이다.

이야기를 더 즐기고 싶은 분께

오래된 이야기가
최신 기술을 만났을 때

※ 다음 기사를 읽고, '원효' 이야기를 우리가 어떤 분야에 어떻게 활용할 수 있을지 생각해 보자. 또한 우리가 알고 있는 옛날이야기 중에서 현대에 되살려서 활용할 수 있는 것이 있는지 생각해 보자.

원효를 소재로 한 문학작품이 꾸준히 창작되고 있어 원효라는 인물이 작가들에게 얼마나 매력적인 존재인가를 다시 한 번 확인시켜 주고 있다. 여기서 한 발 더 나아가 최근에는 '원효루트'와 같이 원효 대사의 자취가 서려 있다고 여겨지는 장소를 연계한 콘텐츠 개발도 병행되고 있다.

동국대학교 전자불전연구소가 구축한 '원효대사 스토리뱅크'를 살펴보면 원효 대사와 관련된 자료를 취합함으로써 다방면에서 원효라는 인물을 입체적으로 조명할 수 있도록 자료를 제공하고 있다. 이를 바탕으로 일러스트와 사진 등의 이미지, 3D와 VR·VOD 등의 동영상, 그리고 시놉시스, 시나리오, 해설 및 분석서 등의 텍스트를 제공하고 있다.

이 같은 내용들은 원효 대사로부터 파생될 수 있는 콘텐츠화의 영역이 얼마나 다양하며 무궁무진한지를 상상하게 한다. (중략)

이러한 내용들은 자칫 허무맹랑한 이야기라 치부될 수 있지만 이러한 이야기들의 이면에는 원효 대사가 갖고 있는 대중 친화적 요소들이 시대와 종교의 틀을 뛰어넘는 상상력과 창의력을 만났을 때 다양한 콘텐츠화의 시도가 가능함을 보여 준다.

– 장재진, '문화콘텐츠로 본 원효', 〈법보신문〉, 2017년 1월 4일

난해한 우주물리학을
달콤한 사랑 노래에 담았을 때

: 물리학이 케이팝에 녹아들다

도도한 우주물리학

우주물리학은 물리학을 바탕으로 우주와 천체에 대해 연구하는 학문으로, 천체물리학이라고도 한다. 연구 대상이 너무 크고 넓어서 눈앞에서 직접 확인할 수 없는 것을 연구하기 때문에 실험이나 관찰보다는 주로 어려운 이론을 바탕으로 연구한다. 우리에게는 따분하고 어렵게 느껴지는 학문일 수밖에 없다. 그래서일까? 우주물리학에서 두각을 나타내는 학자들은 천재라는 이야기를 많이 듣는다. 스티븐 호킹(Stephen Hawking)과 같은 우주물리학자가 바로 그런 사람 중에 하나다.

그런데 만일 우주물리학에서 다루는 이론을 대중이 즐기는

세상을 더 즐겁게 하는 물리학

28

케이팝(K-Pop)에 담는다면 그 노래는 어떻게 들릴까? 케이팝은 다양한 주제를 표현하지만 대중이 주로 즐기는 노래는 연가(戀歌), 즉 달콤한 사랑 노래이다. 과연 이런 사랑 노래에 우주물리학이 융복합될 수 있을지 궁금해진다. 만약에 매우 복잡한 우주물리학 이론을 녹인 사랑 노래가 만들어져서 대세 아이돌 그룹이 불러 준다면 어떤 느낌일지 상상해 보자. 여기서 우주물리학이 녹아 있는 케이팝을 통해 전문 지식과 대중문화의 융복합 가능성을 점쳐 보려고 한다.

우선 한 편의 시를 소개한다. 2017년 큰 인기를 얻었던 드라마 〈도깨비〉에 신선한 제목의 시가 등장하여 화제가 되었다.

질량의 크기는 부피와 비례하지 않는다

제비꽃같이 조그마한 그 계집애가
꽃잎같이 하늘거리는 그 계집애가
지구보다 더 큰 질량으로 나를 끌어당긴다.
순간, 나는
뉴턴의 사과처럼
사정없이 그녀에게로 굴러 떨어졌다
쿵 소리를 내며, 쿵쿵 소리를 내며

심장이
하늘에서 땅까지

아찔한 진자운동을 계속하였다
첫사랑이었다.

- 김인육, 「사랑의 물리학」, 『사랑의 물리학』, 문학세계사, 2016

질량, 부피, 뉴턴, 진자운동은 물리학 시간에나 들어봄 직한 과학 용어들이다. 하지만 이 용어들이 어떤 "계집애"에게 느끼는 "첫사랑"의 감정을 표현하는 시가 되었을 때 독자에게 아주 묘한 울림을 준다. 물리학이 시 속으로 들어왔다. 그래서 제목도 '사랑의 물리학'이다.

달-지구-태양 vs 나-그대-그녀

지금부터 본격적으로 케이팝 속 우주물리학을 찾아보기로 한다. 제일 먼저 살펴볼 노래는 걸그룹 러블리즈가 2016년에 발표한 〈Destiny(나의 지구)〉이다. 이 노래의 화자인 "나"는 "지구"를 중심으로 맴도는 "달"이다. 이 노래의 부제가 '나의 지구'임을 생각하면, 지구는 내가 운명적으로 사랑하게 된 "그대"이다. 그런데 지구도 누군가의 주위를 맴도는데 바로 노래 속 "그녀"이다. 지구가 실제로 공전하는 궤도를 생각해 보면 그녀를 일단 태양이라고 가정할 수 있다. "한 발짝 다가서지 못하는" 상황은 바로 공전 궤도를 벗어나지 않는 위성으로서의 속성을 활용한 노랫말이다. 결국 이 노래는 태양계의 공전 시스템에

난해한 우주물리학을
달콤한 사랑 노래에 담았을 때

빗대어 나는 그를 짝사랑하지만, 그는 다른 여자를 짝사랑하고 있는 상황을 비유적으로 노래하고 있다.

너는 내 Destiny 고개를 돌릴 수가 없어 난 너만 보잖아
너는 내 Destiny 떠날 수 없어 난
넌 나의 지구야 내 하루의 중심
왜 자꾸 그녀만 맴도나요 달처럼 그대를 도는 내가 있는데
한 발짝 다가서지 못하는 이런 맘 그대도 똑같잖아요
오늘도 그녀 꿈을 꾸나요 그댈 비춰주는 내가 있는데
그렇게 그대의 하룬 또 끝나죠 내겐 하루가 꼭 한 달 같은
데 (중략)

기울어진 그대의 마음엔 계절이 불러온 온도차가 심한데

늘 그댈 향한 나의 마음엔 작은 바람 한 점 분 적 없어요

눈부신 그대의 하루에는 내가 들어갈 자리는 없나요

그렇게 내 맘은 차고 또 기울죠 내겐 한 달이 꼭 하루 같은

데 (중략)

한 번 난 그녀를 막고 서서 빛의 반질 네게 주고 싶은데

단 한 번 단 한 번 그녀의 앞에 서서 너의 낮을 날고 싶은데

너는 내 Destiny 날 끄는 Gravity

고개를 돌릴 수가 없어 난 너만 보잖아

너는 내 Destiny 떠날 수 없어 난

넌 나의 지구야 내 하루의 중심

- 러블리즈, 〈Destiny(나의 지구)〉 중에서

이 노랫말에는 우주물리학의 다양한 기초 지식이 녹아 있다. 우선 화자는 "기울어진 그대"로 인해 계절이 바뀌는 온도차를 느낀다고 노래하고 있는데, 지구의 자전축이 23.5도로 기울어져 돌기 때문에 계절이 바뀐다는 과학적 사실을 말하고 있다. 또 한 달 동안 "차고 또 기울"고 있는 화자의 마음은 한 달을 주기로 보름달이 되었다가, 이내 다시 그믐달로 변해 가는 달의 속성을 근거로 만들어졌다. 더구나 "고개를 돌릴 수가 없어"라는 읊조림은 지구에서 바라보는 달의 방향이 늘 일정한 데서 나온 내용이다. 지구에 사는 우리가 항상 달의 한쪽만 볼 수밖에 없는 것은 지구를 바라보는 달이 고개를 한 번도 돌리지 않

난해한 우주물리학을

달콤한 사랑 노래에 닮았을 때

기 때문이다.

그뿐만이 아니라 노래에서는 개기일식까지 다루고 있다. "그녀를 막고 서"겠다는 것은, "나(달)"가 "그대(지구)"와 "그녀(태양)" 사이에 위치하겠다는 뜻인데 바로 개기일식이다. 그때 관측되는 모습이 달이 태양을 덮을 때 생기는 반지 모양 빛 고리, 즉 "빛의 반지"이다. 화자는 이 반지를 그에게 주고 싶다고 노래하고 있다. 그렇게 함으로써 그와 그녀 사이를 가로막고 싶은 것이다.

나는 왜 그토록 그의 곁을 떠나지 못하는 것일까? 노래 제목처럼 'Destiny(운명)'이다. 마치 지구와 달 사이에 존재하는 중력으로 인해 달이 지구의 중심을 단 한 번도 떨어져 나가지 않고 공전하듯, 화자는 그의 곁을 영원히 맴돌도록 중력으로 운명이 되었다. 그래서 화자는 그가 "내 하루의 중심"이고, "Destiny(운명)"이고, "Gravity(중력)"라고 노래한다.

인터스텔라, 우주 사이를 넘나드는

2014년에 개봉한 영화 〈인터스텔라(Interstellar)〉에도 흥미로운 내용이 나온다. 주인공은 인간의 잘못 때문에 황폐해진 지구를 대신하여 생명체가 살 수 있는 새로운 행성을 탐사하러 먼 우주로 떠난다. 우주는 그 끝을 알 수 없을 정도로 광활하기에 먼 거리를 빠른 시간 안에 이동할 수 있어야 한다. 그래서 주인공을 포함한 탐사팀은 블랙홀(Black Hole)을 이용한다. 블랙홀 이론을 제대로 이해하려면 한도 끝도 없이 어려운 이론이 필요하다. 한 마디로 요약하면 이 세상 모든 것을 빨아들이는, 심지어 빛도 끌어당기는 강력한 중력이 작용하는 곳이다.

누가 날 좀 붙잡아줘

네 눈 속으로 빠져들고 있어

너는 내 Black Hole Woo

벗어날 수가 없는 끌림인걸 Oh

그런 끌림인걸 Oh

너는 내 Black Hole Woo

눈을 뗄 수가 없는 끌림인걸 Oh

너는 끌림인걸 Oh

이건 대체 설명이 안 돼

어떤 가설도 왜 너에게는

전혀 매치가 안 돼

시간마저 네게 빨려 드나 봐

나의 하루는 네 생각에 끝나

바로 그 순간 내 두 눈앞이 깜깜해

빛들마저 삼켰어

어떻게 된 거야 내 눈엔 너만 보여

– 샤이니, 〈Black Hole〉 중에서

우주를 더 즐겁고 유쾌하게

34

난해한 우주물리학을
달콤한 사랑 노래에 담았을 때

샤이니가 부른 〈Black Hole〉은 사랑하는 사람을 블랙홀에 비유하여 자신의 마음이 자꾸만 그에게 끌리는 상황을 노래하고 있다. "빛들마저 삼켰"다는 부분은 블랙홀의 물리적 특성을 정확하게 표현하고 있다. 〈인터스텔라〉의 주인공처럼 블랙홀을 통해 우주여행을 하면 시간과 공간이 뒤틀리는 경험을 하게 된다는데, "시간마저 네게 빨려"든다는 부분 역시 상대성이론과 블랙홀 이론에 근거한 표현이라고 할 수 있다.

한편 블랙홀이 모든 것을 빨아들이는 곳이라면 빨아들인 것을 내뿜는 곳도 있는데 물리학 용어로 화이트홀(White Hole)이라고 부른다. 블랙홀(입구)과 화이트홀(출구)을 연결하는 통로를 보통 웜홀(Worm Hole)이라고 하는데, 웜홀을 통해 우주의 먼 거리를 순간 이동하는 원리가 마치 사과 속의 벌레 구멍과 같아서 붙은 이름이다. 즉, 사과의 한쪽 표면에서 다른 쪽 표면으로 벌레가 이동하는 시간을 절약할 수 있는 것과 마찬가지 원리이다. 〈인터스텔라〉에서도 탐사대가 웜홀을 통해 먼 거리 행성으로 이동하는 모습을 볼 수 있다.

우주적 상상력의 노래

일상 대화에서 이루 말할 수 없이 정말 크거나, 멀거나, 정도가 심한 경우를 비유할 때 우리는 흔히 '우주만큼'이라는 수식어를 사용하곤 한다.

"나는 엄마가 우주만큼 좋아, 우주만큼 맛있어, 우주만큼 넓어, 우주만큼 멀리 떨어져 있어."

그런데 사랑하는 사람과 우주만큼 멀리 떨어져 있을 때의 심정은 어떨까? 단지 공간적으로 떨어져 있는 상황뿐 아니라 마음과 마음이 우주만큼 멀리 떨어져 있다면? 이런 상황에서 가수 백예린은 "우주를 건너"는 상상력을 발휘한다.

혼자서 널 기다릴 때면
나 혼자 다른 행성에 있는 듯해
여기서 네가 있는 곳까지
얼마나 오래 걸릴지
난 궁금해 상상이 안 돼
내게 좀 더 빨리 와줘
그대가 없는 이곳은 내게는 너무 캄캄해
나 여기서 두 팔 벌려
그대를 안아줄 준비가 돼있어
너와 나 사이의 우주를 건너 내게로
would you like to come over to me
너와 나 사이의 우주를 건너 내게로
날아 와줘 더 이상 기다리게 하지 마

　　　　　　　　　　　　　　- 백예린, 〈우주를 건너〉 중에서

서로 "다른 행성에 있는 듯"한 두 사람. 정말 우주만큼 멀고

난해한 우주물리학을
달콤한 사랑 노래에 담았을 때

먼 거리에 떨어져 있다. 내가 그에게 가려면 얼마나 오랜 시간이 걸릴지 "상상이 안" 될 정도로 까마득히 멀기만 하다. 이때 화자가 생각한 것이 웜홀이다. "내게 좀 더 빨리 와" 줄 수 있는 방법은 블랙홀로 들어가 화이트홀로 나오는 방법뿐이라고 노래한다. 그야말로 껑충 "우주를 건너"는 방법이다. 그래서 화자는 그가 나에게 올 때 'come'이 아니라 "come over" 해 달라고 요청하고 있다.

우주물리학과 케이팝이 융복합하면 말하는 사람의 감정이 우주적 상상력으로 극대화되어 더 절실해지고, 따라서 듣는 사람도 노랫말에 더 공감하게 되는 효과가 있다. 또 어떤 노래에서는 우주물리학에서나 들을 수 있는 용어들이 참신한 비유를 통해 우리에게 강한 인상을 남기기도 한다. 게다가 우주물리학 연구자 입장에서는 어렵고 복잡하게만 느껴지는 학문을 쉽게 풀어서 대중화하는 데 이바지할 수도 있겠다는 생각이 든다. 〈인터스텔라〉가 어려운 이론물리학을 대중적으로 보급하는 데 기여한 것처럼 말이다. 앞으로 어떤 우주 이야기가 케이팝과 융복합될지 사뭇 궁금하다.

하늘을 더 즐기고 누리주게

난해한 우주물리학을
달콤한 사랑 노래에 담았을 때

※ 다음 노랫말에 어떤 우주물리학 지식이 융복합되어 있는지 찾아보고, 이 노래의 주제를 생각해 보자.

너에게 보낸다 가까스로 무의식의 진심을 너라는 우주로
10억 광년을 날아 네게 닿기를
단숨에 가로질러 너라는 빛으로
나는 너를 공전하던 별
무던히도 차갑고 무심하게 널 밀어내며 돌던 별
너는 엄마와 같은 우주
무한한 중력으로 날 끌어안아 주었지
네 마지막 신호
불안하게 뒤섞여 끊어지던 파동의 끝자락
나는 너를 공전하던 별
무던히도 차갑고 무심하게 널 밀어내며 돌던 별
너는 엄마와 같은 우주
무한한 중력으로 날 끌어안아 주겠지
우리 이제 집으로 가자 그 추운 곳에 혼자 있지 마
날 용서해 널 사랑해
날 용서해 널 사랑해
날 용서해 널 사랑해
날 용서해 널 사랑해
우리 이제 집으로 가자

- 이승환, 〈10억 광년의 신호〉

음악 전문가가 만드는
자동차 엔진

: 자동차 엔진에 음악을 입히다

분자를 더 즐겁고 유익하게

자동차 공학 기술로도 안 되는 것

미래에는 자동차가 어떤 모습으로 변해 있을까? 전기 자동차는 이미 상용화되어 있고, 자율 주행 자동차 혹은 수소 연료 자동차도 일상에서 흔히 볼 날이 머지않았다. 자동차 공학 기술이 하루가 다르게 발전하고, 다른 새로운 기술도 자동차 산업과 잇따라 결합하고 있다. 어쩌면 우리가 지금 상상하는 것 이상으로 새로운 유형의 자동차가 더 많이 등장할지도 모른다.

세계에서 손꼽히는 자동차 제조업체들은 예로부터 자동차의 심장이라는 엔진 개발에 심혈을 기울여 왔다. 지금까지는 좋은 엔진을 가진 자동차가 훌륭한 자동차라는 인식이 강했기 때문에 강력한 출력을 가진 엔진을 제작하는 데 기술력을 집중하고 투자를 아끼지 않은 것이다. 그런데 21세기에 들어오면서 '강력한 엔진'보다 '효율적인 엔진'을 추구하는 쪽으로 신차 개발의 방향을 바꾸게 된다. 즉, 자동차의 출력보다 연비를 올리는 데 목표를 두겠다는 전략이다. 더 적은 연료로 더 먼 거리를 달리는 경제적 자동차의 탄생 역시 다양한 공학 기술 발전에 기대고 있다.

우리나라의 자동차 공학 기술도 나날이 발전하여 이미 세계적 수준에 근접했다는 평가를 받는다. 하지만 우리가 머릿속에 떠올리는 세계 최고의 자동차 목록에 우리나라 자동차를 넣는 일은 쉽지 않다. 우리가 최고라고 치켜세우는 자동차들의 면면을 가만히 살펴보면 고성능, 고효율 엔진만이 전부는 아니다. 요즘은 디자인 역시 중요한 평가 요소다. 눈으로 보기에 아름다운 차가 좋은 차라는 것이다. 자동차를 기술이 아니라 디자인처럼 감성적인 부분으로 접근해 보면 뜻밖의 융복합 지점이 보인다. 바로 '소리'이다.

듣기 좋은 소리를 위하여

자동차의 출력과 성능이 좋아지면 엔진에서 발생하는 소리도 자연히 커질 수밖에 없다. 그런데 엔진에서 나오는 소리, 즉 엔진 배기음은 실린더 안에서 압축된 연료가 폭발하면서 나는 소리이기 때문에 기본적으로 소리를 완전히 없애기 어렵다. 출력이 좋아져서 큰 폭발이 일어나면 더 큰 소리가 따라오기 마련이다. 이렇게 보면 달리는 자동차에서 엔진이 거친 기계 소리를 내뿜는 것은 당연하다. 하지만 소비자는 조용한 차를 더 좋아하는 경향이 있다.

  자동차 제조업체들은 엔진에서 발생하는 소리의 절대 수치(데시벨, dB)를 조금이라도 낮추기 위해 엔진 소리를 줄이는 소음(消音) 혹은 방음 기술에 힘을 모은다. 엔진을 제작할 때 사용하는 소재를 바꾸어 보기도 하고, 자동차 프레임을 제작할 때 진동을 흡수하는 구조도 연구한다. 바로 소재공학과 구조공학의 몫이다. 신소재공학이나 구조공학을 전공한 엔지니어들이

자동차 연구실에 많은 이유이다. 그러나 수많은 엔지니어가 새로운 소재를 사용해 보고, 자동차 프레임에 최첨단 공학 기술을 접목했는데도 여전히 만족할 만한 성과를 내지 못하고 있다. 기계가 작동하는 메커니즘을 연구하는 공학자의 눈으로 봤을 때 현재의 기술로는 소음 기술이 한계점에 가까워져 이제는 다른 관점이 필요한 시점이라고 한다.

한편 운전자가 자동차 엔진이 조용하다고 판단하는 기준은 자동차 내부에서 귀로 듣는 엔진 소리이다. 운전자는 운전하면서 엔진을 지켜볼 수도, 만질 수도 없다. 그리고 대부분의 운전자는 엔진을 객관적으로 평가할 전문성도 높지 않다. 오로지 청각에 의존해 엔진을 평가하게 된다. 실제로 자동차를 구매하는 소비자를 대상으로 조사해 봤더니, 다섯 가지 감각 중에 자동차를 구매할 때 시각적 요소 다음으로 중요하게 여기는 부분이 청각적 요소였다고 한다. 즉, 소비자는 듣기 좋은 소리를 내는 차를 선호한다.

현재의 공학 기술로 엔진 소리를 100퍼센트 없애지 못하는 게 현실이라면, 소비자가 원하는 소리를 내는 엔진을 만들면 어떨까? 엔진 소리를 줄이는 대신 엔진에서 듣기 좋은 소리가 나도록 해 보자는 것이다. 실제로 세계적인 자동차들은 특별하게 다듬은 고유한 엔진 소리를 가지고 있어서 그 소리만으로도 브랜드를 가늠할 수 있다고 한다.

사운드 클리닝과 사운드 디자인

이즈음 자동차 제조업체는 듣기 좋은 엔진 소리를 만들 수
있는 신기술을 찾기 시작했다. 그런데 과연 엔진의 아름다운
소리를 만들어 줄 사람이 있었을까? 피아노를 잘 모르는 사람
이 건반을 아무렇게나 두드리면 불협화음이 나지만, 피아니스
트가 건반을 두드리면 아름다운 화음이 나온다. 즉, 음악을 제
대로 아는 전문가의 손길이 필요했다. 엔진을 자동차 부속품으
로만 다루는 공학자는 좋은 소리를 만드는 데 한계가 있지만,
작곡가나 피아니스트 같은 음악 전문가는 더 좋은 소리가 나는

생활 속으로 더 즐겁고 유쾌하게

음악 전문가가 만드는
자동차 엔진

엔진을 만들 수 있다는 게 그들의 판단이었다. 똑같은 자동차 엔진을 대하더라도 음악 전문가라면 아름다운 소리, 화음을 만들어 낼 여지가 있기 때문이다. 음악을 하는 사람들은 엔진을 '악기'처럼 만져 줄 수 있다. 또한 엔진의 '소리'에 관한 문제이므로 소리를 연구하는 전문가도 필요했다. 음향학자를 말하는 데 요즘은 '소리연구가'라고 부른다.

소리연구가는 먼저 '사운드 클리닝(Sound Cleaning)'을 실시해 보자고 제안했다. 이 작업은 소리를 연구하는 학자로서 순수하게 소리의 성질만 이용하는 방법이다. 우선 자동차 실내로 들어오는 엔진음의 주파수를 분석한다. 주파수에서 잡음이라고 생각되는 특정 주파수를 끄집어낸 다음에 오디오 스피커를 통해 그 잡음과 정반대의 성격을 지닌 주파수를 흘려보낸다. 이 과정을 거쳐 엔진에서 발생하는 소음을 없앰으로써 운전자가 듣기 거북했던 엔진 소리가 더 이상 들리지 않게 한다. 결국 소리를 소리로 없애는 방법이다. 사운드 클리닝은 이미 완성 단계에 있는 엔진에 더 이상 손대지 않고 잡음을 없앨 수 있다는 장점이 있다.

소리연구가와 달리 작곡가는 듣기 좋은 아름다운 소리를 운전자에게 흘려보내는 방법을 제안했다. 음악에서는 여러 소리를 한데 어울리게 하면 화음이 된다. 따라서 엔진에서 나는 소리의 음량과 음색, 흡기음과 배기음, 그리고 가속 페달과 브레이크를 밟을 때 나는 엔진 소리와 같이 엔진에서 발생하는 각각 다른 소리를 한데 어울려 화음을 이루도록 조작하면 운전자에게는 아름다운 소리로 들리게 할 수 있다고 주장했다. 잡음을 없애는 작업을 사운드 클리닝이라고 한다면, 작곡가의 주장은 '사운드 디자인(Sound Design)'에 해당하는 작업이다. 시각적 디자인이 눈으로 보기 좋게 만들듯이 사운드 디자인은 귀로 듣기 좋은 소리를 만드는, 말 그대로 소리를 디자인한다고 할 수 있다.

보디빌더가 열심히 근력 운동을 해서 우람한 근육을 만들고 나면 근육이 잘 드러나도록 피부에 색소와 기름 바르는 작업을 한다. 힘들여 만든 근육이 더 멋있어 보이기 때문이다. 마찬가지로 작곡가는 엔진 소리를 더 멋있게 디자인하기 위해 기본적인 엔진 소리에 화성학의 요소를 적극적으로 활용한다. 화성학은 화음을 만들어 내는 이론적 밑바탕이다. 엔진에서 발생하는 다양한 소리를 그대로 내버려 두면 불협화음에 불과하지만, 소리의 성질만 살짝 바꾸어도 음악 시간에 배운 장3도, 완전5도 등의 화음을 만들어 낼 수 있다.

그런데 자동차에서 나는 소리는 엔진 소리가 다가 아니다. 차문을 여닫는 소리, 각종 버튼 누를 때 나는 소리, 깜빡이가 작동할 때 나는 소리도 있다. 또 와이퍼가 움직일 때 나는 소리, 에어컨을 틀 때 나는 소리 등 끝이 없다. 이 모든 소리가 아무 연관 없이 제각각 소리를 낸다면 혼돈의 소리일 수밖에 없다. 이 무질서한 소리에 질서를 부여하고 관계를 맺어 준다면 자동차 소리는 어느새 정돈된 화음이 된다. 갖가지 소리가 서로 어울려 운전자의 귀를 즐겁게 하는 것이다.

음악 전문가가 만드는
자동차 엔진

엔진 소음을 줄이는 기술이 상당한 수준에 이르러서 이제는 조용한 엔진만으로는 기술적 차별화가 어렵다. 앞으로는 차별화된 엔진 소리를 디자인해서 운전자의 감성을 만족시키는 방향으로 기술이 발전해야 할 시점이다.

엔진 성능보다 감성이 중요한 자동차

소리연구가와 작곡가의 조언이 자동차 제작 기술에 융복합된다면, 자동차에서 발생하는 다양한 소리를 미세하게 조정하여 운전자 개인의 취향대로 소리를 만들 수도 있다. 마치 디지털 피아노의 튜너나 이퀄라이저를 통해 미세한 소리를 조정하는

것처럼 자동차 소리도 운전자의 취향에 맞춰 조절할 수 있다. 즉, 운전자 개개인의 감성을 자극하는 차가 등장하는 것이다.

운전자에게 감성적인 만족감을 주는 기술은 또 있다. 살아 있는 생물의 소리를 모방하여 엔진 소리에 입히는 생체모방 기술이다. 가령 스포츠카 엔진 소리에 호랑이나 사자 울음소리의 특징을 담은 소리를 인공적으로 만들어 넣는다면, 운전자가 받아들이는 감성이 더욱 특별해진다. 더구나 동물 울음소리는 수십만 년 동안 진화한 결과이기 때문에 기존의 디지털 사운드에 비해 사람과 매우 잘 어울리는 소리일 가능성이 높다.

이렇듯 자동차 엔진 소리에 다양한 기술을 결합하면 엔지니어들이 오랫동안 해결하지 못한 어려운 문제를 단박에 해결할 수 있다. 음악 전문가와 음향 전문가가 만드는 자동차는 아름다운 소리를 내며 도로를 질주할 것이다.

소리로 더 즐겁고 우리동네

음악 전문가가 만드는
자동차 엔진

※ 눈을 즐겁게 해 주는 디자이너, 귀를 즐겁게 해 주는 작곡가나 소리연구가의 도움으로 '좋은 차'를 제작하는 데 도움을 얻었다면, 또 어떤 전문가의 도움으로 우리의 오감을 만족시켜 줄 '좋은 차'를 제작할 수 있을지 생각해 보자.

그리스·로마 신화,
브랜드로 재탄생하다

: 신화 속 이야기를 브랜드화하다

현재에도 계속되는 신화의 영향

"오늘 낮, 서울의 한 상가에서 화재가 발생했지만 소방 사이
렌이 울리지 않아 미처 대피하지 못한 시민들이 큰 부상을 입
었다고 합니다. 특히 불길이 번지자 패닉 상태에 빠진 사람들
이 비상구로 몰려들어 더 많은 부상자가 발생했습니다."

저녁 뉴스에서 화재 소식을 알리는 내용이 방송된다. 뉴스에
서처럼 우리 주변에 위급 상황이 발생하면 각종 사이렌이 울려
시민들에게 경고해 준다. 이렇게 위급한 상황에서 울리는 사이
렌은 사실 그리스·로마 신화에 등장하는 인어 '세이렌(Seiren)'
에서 유래한 말이다. 세이렌은 아름다운 노래를 불러 뱃사람을

유혹한 후 배를 난파시키는 위험한 캐릭터로 나온다. 경보 장치를 처음 개발한 프랑스 물리학자 카냐르 드 라투르(Cagniard de La Tour)가 세이렌의 행동에서 아이디어를 얻어 소리로 위험을 알려 주는 경보 장치에 이름 붙인 것이다.

'심하게 당황하거나 공황 상태에 빠지는 것'을 뜻하는 '패닉(Panic)'도 그리스·로마 신화에서 유래했다. 산과 들에 살면서 가축을 지키는 신이었던 '판(Pan)'은 나그네에게 갑작스런 공포를 불러일으켜 가축으로부터 멀어지게 하거나, 때로는 사람들이 악몽을 꾸게 만든다. 이외에 메아리를 뜻하는 말인 '에코(Echo)'는 헤라 여신의 노여움을 사 같은 말만 반복하게 된 숲의 요정 에코에서 나왔다. 조화와 화합을 뜻하는 '하모니(Harmony)'는 미의 여신 아프로디테와 전쟁의 신 아레스 사이에서 태어난 조화의 여신 '하르모니아(Harmonia)'에서 유래된 말이다. '미다스(Midas)의 손', '피그말리온 효과(Pygmalion Effect)', '야누스(Janus)적인 인물', '오이디푸스 콤플렉스(Oedipus Complex)'와 같은 유명한 용어들이 그리스·로마 신화에서 비롯되어 현재에도 널리 쓰이고 있다. 사람의 발뒤꿈치에 있는 힘줄을 일컫는 '아킬레스건(Achilles腱)'은 '치명적인 약점'이라는 뜻을 가지고 있는데, 역시 그리스·로마 신화에서 나왔다는 사실은 이미 잘 알려져 있다. 이렇게 우리 생활에서 쓰이는 많은 용어들이 그리스·로마 신화 속 이야기에서 시작되었다.

이제 이야기가 아닌 브랜드로 전달되는 신화

"저희 회사는 항상 고객의 든든한 보호막이 돼 드리겠습니다!"

영국의 유명 보험회사 이지스의 광고 문구이다. 이지스는 그리스·로마 신화에서 제우스가 사용하는 방패 '아이기스(Aegis)'에서 따온 이름이다. 대장장이의 신 헤파이스토스가 제작한 이 방패는 제우스의 번개도 막아 낼 만큼 튼튼하며, 방패 중앙에는 메두사의 머리가 달려 있어 상대를 꼼짝 못 하게 하는 안전한 방패의 상징과 같다. 이지스는 회사 이름을 통해 고객에게 제우스의 방패를 떠올리게 하여 자기 보험회사가 안전하다는 믿음을 자연스럽게 전달해 주고 있다.

신화에서 모티프를 빌린 회사 이름이나 로고를 사용한 예는 이외에도 무수히 많다. 유명한 스포츠 브랜드 나이키는 날개 달린 승리의 여신인 '니케(Nike)'에서 따왔으며, 초승달 모양 로고는 니케의 날개를 상징한다. 커피 프렌차이즈 스타벅스의 로고가 앞서 이야기했던 세이렌을 묘사하고 있다는 사실은 굉장히 유명하다.

이탈리아 자동차 브랜드 마세라티에서 나온 자동차 앞에는 회사 고유의 로고인 '삼지창'이 달려 있다. 삼지창은 그리스·로마 신화에 등장하는 포세이돈의 상징이다. 제우스가 하늘의 신이자 번개의 신인 것처럼 포세이돈은 바다의 신이면서 동시에 말의 수호신이기도 하다. 그래서 마세라티는 대지를 질주하

52

신화, 종교 역사는 마르지 않는 샘이다.
현재를 사는 우리에게
신선한 아이디어의 원천이 되고 있다.

는 말의 수호신인 포세이돈의 상징을 자동차의 이미지로 강조하고 있다.

이와 비슷하게 미국 자동차 브랜드인 크라이슬러의 로고에도 은빛 날개가 달려 있다. 은빛 날개의 이름은 '프로그레시브 윙(Progressive Wing)'으로, 그리스·로마 신화에 등장하는 전령의 신 헤르메스의 날개를 뜻한다. 신들 중에서도 가장 빠른 속도를 자랑하는 헤르메스의 이미지를 떠올리게 함으로써 자동차 성능을 강조하고 있다.

헤르메스의 날개를 로고로 쓰는 브랜드는 우리나라에서도 찾을 수 있다. 포털 사이트 네이버의 로고는 날개가 달린 탐험가의 모자이다. 탐험가의 모자는 인터넷에서 정보를 검색하는 행동을 탐험에 비유하고, 모자에 달린 날개는 헤르메스처럼 정보를 신속하게 전달한다는 뜻을 지니고 있다.

그리스·로마 신화, 브랜드로 재탄생하다

카메라 브랜드로 유명한 '올림푸스(Olympus)', 이탈리아의 유명 의류 브랜드 베르사체의 로고에 쓰인 메두사 얼굴도 그리스·로마 신화에서 모티프를 찾을 수 있다.

신화, 변하지 않는 브랜드 아이디어의 보물창고

그렇다면 왜 하필 신화일까? 우리는 신화를 그저 옛날 조상들이 지어낸 이야기일 뿐이라고 생각하기 쉽지만, 대부분의 신화는 인간의 삶의 본질을 담아낸 이야기이다. 신화는 이야기에 등장하는 각각의 캐릭터에 재미있고 생생한 스토리텔링(이야기) 형식으로 상징성을 지니게 해 준다. 우리가 숭배하면서도 두려워하는 자연, 사람의 삶과 죽음, 사랑과 이별, 번영과 몰락, 죄와 벌, 질투와 탐욕 같은 사람의 본성을 드러낸다.

사람에게 불을 가져다준 죄로 신으로부터 영원한 형벌을 받은 프로메테우스에게서 이어받은 고귀한 희생정신, 선악을 가리는 저울을 들고 눈을 가리고 있는 정의의 여신 아스트라이아로부터 배울 수 있는 정의를 지키려는 의지는 모두 신화로부터 비롯되었다. 이러한 이야기는 세대를 거듭하면서 전해져 오기 때문에 여전히 모든 사람들의 마음속에 존재할 수 있다.

이처럼 사람들은 어렸을 때부터 동화책과 만화, 소설을 통해 신화를 접했기 때문에 어떤 소설이나 영화보다 친밀하고 익숙하다. 다양한 기업들이 자신의 브랜드를 신화와 접목하는 가장

큰 이유는 신화가 가진 이러한 친숙함과 상징성 때문이다. '우리 회사의 로고는 신화의 무언가를 형상화한 것이다'라는 설명만으로도 소비자들은 신화 속 친숙한 이야기를 상상하며 스스로 브랜드의 이미지를 만들어 낸다. 즉, 신화에 담긴 이야기와 상징성을 브랜드의 정체성으로 활용하는 것이다.

첫 항해에서 빙산과 부딪혀 침몰한 비운의 여객선 '타이타닉(Titanic)호'는 당시 세계에서 가장 큰 배였다. 타이타닉호 제작자들은 이를 광고하기 위해 압도적인 위용을 잘 나타낼 수 있는 이름을 고민했다. 고심 끝에 만든 이름이 바로 그리스·로마 신화에 등장하는 거인 티탄(Titan, 영어 발음은 타이탄)의 이름을 본뜬 타이타닉이었다. 사람들은 이름만 듣고도 그 위용을 상상할 수

그리스·로마 신화,
브랜드로 재탄생하다

있었다. 실제로 타이타닉호는 침몰하기 직전까지 최대 여객선으로 소문이 자자했고, 누구나 한 번쯤 타 보고 싶은 선망의 대상이었다. 신화를 브랜드화하면 이름 하나만으로도 소비자에게 상품의 특징을 얼마나 잘 알려 줄 수 있는지 보여 주는 예다.

동양의 신화도 세계의 브랜드로 나아가야 할 때

신화처럼 인류의 역사와 함께 시작해 현재까지 이어지고 있는 종교도 상징이나 이야기가 많이 브랜드화되었다. 특히 기독교의 대표적인 상징 '십자가'는 원래 고통의 상징에서 점차 구원과 사랑의 상징으로 바뀌어 갔다. 그러자 다양한 기업에서 브랜드의 정체성으로 이 십자가를 활용하고 있다. 아스피린으로 유명한 독일 제약회사 '바이엘(Bayer)'의 로고는 원 안에 회사 이름이 십자가 모양으로 배치되어 있다. 의약품에 십자가의 신비한 기운을 부여함으로써 단순하면서도 강력한 이미지를 강조할 수 있었다. 우리나라에서 맥가이버 칼로 유명한 스위스 군용 칼을 만든 회사 '빅토리녹스(VICTORINOX)'의 로고는 방패 한가운데에 십자가가 새겨져 있다. 스위스 국기와 매우 비슷해 보이지만, 사실은 중세 유럽 십자군이 사용하던 상징에서 그 원형을 가지고 왔다.

이렇게 서양 문화의 뿌리를 이루고 있는 그리스·로마 신화와 종교, 역사는 그 자체로 친숙함과 경외감을 지니고 있다. 그

로 인해 아직도 많은 기업에서 선호하는 융복합 분야로 자리
잡고 있다. 브랜드화에 성공한 기업과 제품은 세계로 진출했
다. 이제 우리나라를 비롯한 동양권도 브랜드화할 수 있는 신
화가 있는지 두루 살펴볼 일이다. 이미 이야기했듯이 신화와
종교의 다채로운 스토리텔링은 다양한 분야와 쉽게 융복합되
어 큰 효과를 낼 수 있기 때문이다.

그리스·로마 신화,
브랜드로 재탄생하다

※ 다음 글에서 이야기하는 우리나라 설화를 어떻게 브랜드화할 수 있을지 생각해 보자.

우리나라에는 달에 토끼가 살고 있다는 설화가 전해 온다. 달의 어두운 부분에서는 절구 속 떡방아를 찧고 있는 토끼를, 빛나는 부분에서는 계수나무를 상상했다. 달이 밝게 빛날 때면 계수나무 아래에서 절구질하는 토끼를 자연스레 떠올리게 된다. 또 하늘나라 선녀 항아 설화도 있다. 남편과 나누어 먹어야 할 불로초를 혼자 먹고 공중으로 떠오른 항아는 다시 하늘나라로 돌아갈 수 없었다. 결국 달을 지키며 혼자 살게 된 항아는 두꺼비가 되어 인간 세상을 구경하는 게 큰 낙이 되었다고 한다.

Story 5

미적분으로 만든
〈겨울왕국〉

: 수학으로 애니메이션을 계산하다

알고 보니 일상이 다 수학이었네

"도대체 수학 공부는 왜 해야 하는 거지? 수학은 누군가 우리릴 괴롭히기 위해 만든 학문이 틀림없어!"

여러분도 한번쯤 수학 공부를 하다가 머리를 쥐어뜯으며 전문가나 학자에게만 필요할 법한 수학을 왜 배워야 하는지 의심해 본 적이 있을 것이다. 일상생활에서 그 어려운 공식들이 도대체 어디에 쓰이는지 잘 알지 못할 때도 많다. 하지만 의외로 수학이 없으면 우리의 일상은 제대로 꾸려 갈 수 없다. 예를 들어 많은 사람들이 쓰는 페이스북은 계정 정보를 이용해 사용자와 사용자를 이어 주는 '친구 찾기' 기능으로 유명한데, 이 친구

수학으로 더 즐겁고 우아하게

찾기 기능은 바로 선형 프로그래밍 및 그래프 이론과 같은 수학 이론이 있었기에 가능한 기능이다. 이 수학 이론을 활용해 약 700억 개의 친구 찾기 연결을 분하는 시간을 혁신적으로 줄이고, 네트워크 사용량도 줄일 수 있기 때문에 멀리 떨어져 있는 친구도 간단한 조작만으로 찾을 수 있다. 즉, 멀리 떨어져 연락할 수 없었던 친구들을 수학 이론이 찾아 준 셈이다.

이렇게 단순해 보이는 SNS 메뉴에 복잡한 수학 이론이 적용되는 것처럼 다른 일상에도 복잡한 수학 원리가 숨어 있는 경우가 많다.

애니메이션이 보여 주는 물과 눈

일상에 숨은 수학의 대표적인 사례가 바로 영화이다. '영화에 웬 수학이야?'라고 생각할 수도 있지만, 이제는 수학 없이 영화를 만들 수 없는 시대가 되었다. 2013년 개봉한 애니메이션 〈겨울왕국(Frozen)〉이 수학을 접목한 가장 대표적인 영화다. 〈겨울왕국〉이 상영되었을 당시 관객들은 실제와 같은 질감을 가진 눈(雪)의 움직임을 보며 감탄했는데, 바로 이 눈을 구현하는 데에 수학이 사용되었다.

〈겨울왕국〉과 같은 3D 애니메이션은 사람이 손으로 그리는 대신 컴퓨터 그래픽(Computer Graphic, CG)으로 표현하기 때문에 눈을 묘사하는 것도 쉬운 것처럼 보인다. 그러나 아무리 컴퓨

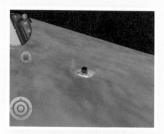

어색한 질감의 게임 그래픽(좌)과 진짜 같은 물 그래픽(우)

터 그래픽을 잘 사용해도 눈이나 물, 불, 연기같이 한 덩어리처럼 보이면서 제각기 움직이는 물질들은 쉽게 구현할 수 없다. 그래서 기술이 발달하지 않았던 시기에 만든 애니메이션이나 게임에 나왔던 눈과 물은 질감이 어색하거나 움직임이 부자연스러웠다. 〈겨울왕국〉에서 표현된 눈이 주목받은 이유는 아주 작은 눈의 움직임을 우리가 현실에서 보는 눈과 비슷하게 나타냈기 때문이다. 이때 눈의 움직임을 실제처럼 표현하기 위해 수학이 필요했고, 다양한 수학 분야 중에서도 주로 미분방정식이 사용되었다.

월트디즈니는 그동안 〈겨울왕국〉을 비롯해 〈주토피아(Zootopia)〉, 〈모아나(Moana)〉, 〈코코(Coco)〉 등 대작 애니메이션을 만들어 왔다. 이 과정에서 컴퓨터 그래픽을 더욱 정밀하게 표현하려면 과학적 지식이 필요하다는 점을 깨닫고, 적극적으로 다양한 분야의 전문가들을 데려왔다. 그중에서도 대학 교수를

미적분으로 만든
〈겨울왕국〉

비롯한 유명한 수학자들을 많이 맞아들였다. 특히 미국 캘리포니아대학교(UCLA) 수학과 교수 조셉 테란(Joseph Teran)은 2007년부터 디즈니에서 애니메이션 컨설턴트로 활동하며 제작에 참여하고 있다. 조셉 교수와 공동 연구팀은 〈겨울왕국〉을 제작할 때 미분방정식을 바탕으로 컴퓨터 그래픽을 이용해 눈의 다양한 질감을 사실적으로 표현할 수 있는 '눈 시뮬레이션'을 만들었다. 이후 애니메이션은 수학에 의해 만들어진다는 말이 생겨날 정도로 수학은 애니메이션 흥행의 일등 공신이 되었다.

수학은 어려운 것이 아니라 편리한 것

〈겨울왕국〉에서 실제처럼 느껴지는 눈은 다음 과정을 거쳐 탄생했다. 눈의 움직임을 예측하는 프로그램을 만들 때 수학 공식에 눈의 움직임을 대입한다. 즉, 눈이 특정한 모양이나 크기로 움직이는 장면을 만들고자 한다면, 먼저 수학자들이 눈의 움직임을 예측하기 위한 미분방정식을 만든다. 그다음 어떤 장면에서 움직일 눈의 부피와 밀도, 질량을 설정한 후 그 수치를 만들어 놓은 방정식에 대입한다. 그러면 눈이 사람이나 바람의 영향을 받아 움직일 때 눈의 방향과 속도, 가속도 등이 방정식에 의해 자동으로 계산되고, 계산된 값이 컴퓨터 그래픽에 저절로 반영되어 영상으로 나타나는 원리이다.

결국 바람에 날리는 눈, 사람이나 동물의 동작에 의해 움직이는 눈은 모두 공식에 따라 설정 값만 달리해 주면 상황에 맞춰 변화하게 만드는 수학적 계산에 따른 장면이다. 일일이 사람의 손길을 거쳐야 완성되는 작업도 있지만, 수학 공식만 알고 있다면 간단한 숫자 조작만으로도 다양한 영상을 만들어 낼 수 있다.

컴퓨터 그래픽 기술이 발전하면서 요즘 관객들은 감상한 영화를 평가할 때 영화의 영상 수준에도 큰 관심을 보이고 있다. 그러자 영화 제작사에서는 감독에게 점점 더 정교하면서도 자연스러운 표현을 요구하게 되고, 조셉 테란 같은 학자들에게 도움을 요청하는 사례가 많아지고 있다. 애니메이션뿐만 아니라 실사 영화에서도 마찬가지이다. 〈인터스텔라〉에서는 블랙홀 장면을 만들기 위해 캘리포니아공과대학교(칼텍) 물리학 박사 킵 손(Kip S. Thorne) 교수의 도움을 받은 것으로 유명하다. 그 결과 비록 상상이지만 아직도 사람이 직접 관측하지 못했던 블랙홀의 경이로운 모습을 영상으로 구현할 수 있었다. 더불어 일반인들에게 우주에 대한 인식의 가능성을 넓혔다는 학계의 극찬을 받기도 했다.

이것이 수학의 힘이며, 우리가 일상생활에서 대수롭지 않게 생각하고 지나치는 평범한 것에도 수학의 원리가 들어 있음을 보여 주는 좋은 예이다. 수학은 여전히 어렵고 힘들지만 이런 편리함과 유용성 덕분에 이미 우리 생활 속에 자연스럽게 스며들어 있다. 그렇다면 여러분도 열심히 수학을 배워서 또 다른 융복합 분야를 스스로 만들어 보는 것은 어떨까?

영화를 더 즐겁고 유미롭게

미적분으로 만든
〈겨울왕국〉

숫자와 이론이 전부인 듯한 삭막해 보이는 학문에도
우리를 더 편리하게, 더 감성적으로 만드는 능력이 숨어 있다.

※ 아래 기사와 같이 우리의 일상 또는 산업 속에 수학이 결합된 예를 찾아보자.

시속 150km에 육박하는 빠른 속도로 얼음을 지치고 날아가는 썰매 위에 타고 있으면 어떤 느낌이 들까? 마치 총알을 타고 있는 듯한 극도의 긴장감이 온몸을 감쌀 것이다. 그 위에 앞뒤로 눕거나 여럿이 함께 올라타서 극한의 속도를 온몸으로 이겨 내는 겨울스포츠, 바로 봅슬레이와 루지, 스켈레톤 이야기다.

동계올림픽 15개 공식 종목의 5분의 1을 차지하는 이 세 스포츠의 '필요충분조건'은 바로 트랙이다. 세 종목이 처음 시작된 1800년대 후반에는 그냥 눈 덮인 언덕에서 썰매를 타고 내려왔지만, 지금은 전용 트랙에서만 경기를 할 수 있기 때문이다. (중략)

그런데 이 트랙은 그냥 만드는 게 아니다. 무조건 빠른 속도가 나오게 트랙을 설계했다가는 자칫 선수들이 사고를 당할 수 있다. 실제로 지난 2010년 밴쿠버 동계올림픽에서는 경기 전에 연습하던 선수 두 명이 트랙 밖으로 튕겨 나가서 다치거나 목숨을 잃는 사고가 일어났다. 따라서 트랙 디자이너들은 수학적인 계산을 통해 선수가 썰매를 조종할 수 있을 정도의 속도를 벗어나지 않도록 트랙을 설계한다. (중략)

선수들이 썰매를 타고 내려올 때는 중력에 의해서 생기는 가속도와 얼음과 썰매 사이의 마찰, 원심력, 공기의 저항 등이 영향을 미치는데, 이 모든 값들은 트랙이 구부러진 정도인 곡률에 따라 달라진다. 즉, 적절한 곡률값을 갖도록 설계하는 것이 트랙 디자인의 핵심이다.

– 최영준, '스포츠 산업, 수학으로 꽃피우다!', 『수학동아』, 2014년 2호

2부

일상에서 행복의 단서를 찾다

심리학이 다른 분야와 만나면 해결되는 일

; 심리학으로 삶을 풍요롭게 하다

한 우물을 파면 문제가 해결될까?

한 분야에서 성공하려면, 즉 두드러진 성과를 만들고 싶다면 '한 우물을 파라'고들 한다. 자기 전문 분야에 대해 자세하고 깊게 알아야 성공한다는 뜻이지만, 이제는 한 우물만 파서는 안 되는 시대가 되었다. 지나치게 한 분야에만 몰두하다 보면 편협한 시각을 갖게 되어 오히려 문제를 해결하기 위한 통찰이 잘 이루어지지 않을 때가 많기 때문이다. 이제 다가올 시대에는 다른 우물도 여럿 파야 한다. 한 우물이 아닌 여러 우물을 판다는 것은 가능성의 확장을 의미한다. 깊게 파기보다 넓게 여러 곳을 파 보아야 물길을 찾는 데 더 이로울 수 있다는 말이다.

간혹 요리 초보자가 음식 재료를 이리저리 조합해 요리하다가 전혀 상상하지 못한 뜻밖의 맛을 창조할 때가 있다. 가령 생선으로 맑은 탕을 만들 때, 대부분 생선과 육수를 우려내는 각종 채소와 양념에만 신경 쓴다. 그런데 누군가 아무리 해도 깊은 맛이 나지 않아 탕 요리에는 전혀 어울릴 것 같지 않은 '식초' 한 방울을 떨어뜨려 보았다. 이때 식초를 맑은 탕에 떨어뜨리는 행위가 바로 다른 우물을 파는 행위이다. 식초는 대체로 신맛을 낼 때 사용하는 조미료이지만, 좀처럼 어울릴 것 같지 않은 맑은 탕에 사용하면 음식의 맛을 끌어올릴 수 있는 새로운 가능성을 만들어 낸다. 신선한 생선과 채소를 쓰고, 좋은 도구를 쓰거나 조리 순서를 바꾸어도 나오지 않는 놀라운 국물 맛은 다른 우물을 팠을 때만 맛볼 수 있는 것이다.

인터넷에서 식초를 검색해 보면 식초가 얼마나 다양한 요리에 쓰이는지, 얼마나 놀라운 맛의 가능성을 열고 있는지 알 수 있다. 그뿐만 아니다. 오염된 옷감을 표백하거나 전자레인지 청소 같은 일상생활에서 소소한 문제들을 해결하는 데 요긴한 만능 도구이기도 하다. 이처럼 식초는 다양한 문제 상황과 만날 때 뜻밖의 해결사 역할을 하고 있다.

'심리학'이라는 학문이 바로 다른 분야에서 식초처럼 쓰일 때가 많다. 심리학을 활용하여 의외의 가능성을 발견하고, 놀라운 성과들을 이루어 내고 있다. 놀랍게도 이미 오래전부터 그래 왔다.

일상에서 해결의 단서를 찾다

심리학이 다른 분야와 만나면 해결되는 일

심리학은 사람의 행동과 정신 과정을 연구하는 학문이다.
오늘날 사람이 관련되어 있는 모든 분야에는
심리학의 도움이 더욱 중요해지고 있다.

사람들의 심리를 꿰뚫어 해결한 교통 문제

도시의 교통 문제는 보통 도시 건축 또는 도시 설계와 관련이 있다. 도시를 어떻게 설계하고, 도로를 어떻게 만드느냐에 따라 교통의 질이 달라진다. 그러나 이것만으로는 한계에 부딪힐 때가 있다. 교통 혼잡 문제를 해결하기 위해 일반적으로 도로를 넓히거나 곳곳에 도로를 더 많이 짓는 방법부터 떠올리기 쉽다. 그래서 지금도 교통 당국은 엄청난 예산을 들여 끊임없이 도로를 건설하고 있다.

도로가 늘어나면 당연히 길이 덜 막히고 교통 혼잡 문제가 풀려야 한다. 그런데 세계 대부분의 도시에서 도로가 계속 늘어나는데도 자동차의 평균 이동 속도는 거의 변하지 않고 있다. 오히려 도로를 더 많이 만든 도시에서 자동차의 평균 이동 속도가 줄어들고 있다. 교통학에서는 이런 현상을 '브라에스의 역설'이라고 한다. 독일 수학 교수 디트리히 브라에스(Dietrich Braess)가 주장한 이론인데, 도로가 넓어지면 자동차 수가 늘어 길이 더 막힌다고 한다. 이때 교통학에 심리학을 융복합하면 의외로 교통 혼잡 문제가 해결되기도 한다. 이른바 '교통심리학'이다.

매일 막히는 구간에 있는 도로의 차로 수를 줄이면 어떻게 될까? 실제로 이런 정책을 시도한 도시가 있다. 2009년 미국 뉴욕시에서 당시 가장 혼잡했던 42번가의 차로 수를 줄였다. 자동차 운전자들은 도심에서 막히는 곳을 피하려고 한다. 그렇지

일상에서 심리학의 단서를 찾다

심리학이 다른 분야와 만나면
해결되는 일

않아도 막히는 구간의 도로가 줄어들자 교통 정체가 더 심해질 것이라고 예상한 운전자들이 아예 그곳을 피해 다른 곳으로 돌아가기 시작했다. 그러자 놀랍게도 자동차의 평균 이동 속도가 빨라졌다. 도로를 줄이는 대신 인도와 자전거 도로를 늘렸더니, 거리를 다니는 유동 인구가 늘어나는 또 다른 경제적 효과도 거두었다.

　교통학이 교통 혼잡 문제를 해결하기 위해 내놓을 수 있는 답이 도로를 더 넓히고 많이 만들자는 정책이었다면, 교통심리학은 사람들의 심리를 꿰뚫어 교통 문제를 해결하고자 한 것이다.

훈련으로 부족하면 마음을 다스려 채워라

스포츠 경기에서 거둔 성적은 평소 훈련한 연습량에 비례한다는 게 정설이다. 그래서 스포츠 선수들은 자신의 주 종목에 대한 전문적 기술을 익히는 것은 물론, 기초 체력 향상을 위해 꾸준히 신체를 단련한다. 훈련 현장에 가면 선수들이 근력을 키우려고 온갖 훈련 기구를 사용하며 구슬땀을 흘리는 모습, 심폐지구력을 늘리기 위해 쉴 새 없이 운동장을 도는 모습, 순발력을 키우기 위해 다양한 형태의 점프 훈련을 하고 있는 모습 등을 흔히 볼 수 있다.

그런데 선수들의 신체 능력을 최대로 끌어올리는 데는 한계가 있다. 이때 스포츠에 심리학이 융복합된다. 바로 '스포츠심리학'이다. 현대 스포츠에서는 '루틴(Routine)'을 중요하게 여긴다. 루틴이란 어떤 목표 행동을 하기 전에 긴장감을 떨치기 위해 습관적으로 하는 반복적 행동이다. 즉, 평소 연습에서 하던 행동을 실제 경기에서도 그대로 하는 것을 말한다.

우리나라 국가대표 양궁팀이 늘 뛰어난 성적을 내는 요인 중 하나는 선수들의 루틴을 유지시키는 훈련 덕분이다. 실제 경기를 앞두고 일부러 가상의 시끄러운 소리를 스피커로 튼 채 훈련하는데, 실제 경기장과 비슷한 소음 환경을 미리 익혀 심리적 안정감을 주기 위한 방법이다. 소음 자체를 루틴으로 작용하게 만든다. 양궁팀은 그 밖에도 실제 경기가 열리게 될 경기장과 똑같은 세트를 설치해 훈련하고, 기온이나 풍속과 같은

일상에서 유용한 단서를 찾다

심리학이 다른 분야와 만나면 해결되는 일

기상 조건 역시 비슷한 상황이 되도록 일부러 훈련 시간을 조정하기도 한다. 요컨대 연습 상황과 실제 경기 상황이 거의 일치하도록 루틴을 맞추어 간다. 또 선수가 활을 쏘기 전에 머리카락을 쓸어 넘긴다든지, 모자의 챙을 만지작거리는 행동을 하는데 이것도 경기력 향상을 위해 선수 개개인이 만들어 낸 루틴의 일종이다.

　우리가 볼 때 별로 쓸모없을 것 같은 사소한 행동마저도 스포츠심리학의 눈으로 바라볼 때는 중요한 행동이다. 스포츠심리학자들은 선수들이 최상의 컨디션으로 최대 능력을 낼 수 있는 상태를 만들기 위해 반드시 루틴이 필요하다고 말한다. 바꿔 말해 루틴은 이루고자 하는 행동 목표를 위한 긍정적인 행동 습관이라고 할 수 있다. 루틴이 확실하게 잡혀 있으면 경기 상황이 달라져도 심리적으로 편안함을 느낄 수 있기 때문에 좋은 결과를 낼 확률이 높아진다.

말이 안 되는 말도 심리학으로는 이해가 된다

언어학자들이 아무리 거창하게 문법을 들이대도 합리적으로 설명하기 어려운 문장들이 있다. "문 닫고 들어와."라는 문장은 도저히 해낼 수 없는 명령문이다. 문을 닫으면 안으로 들어갈 재간이 없기 때문이다. 정확히 표현하면 "들어오고 문 닫아."가 되어야 할 것이다. 하지만 우리는 주로 앞의 문장처럼 말하지, 뒤의 문장을 사용하는 경우는 별로 없다. 이 문장은 국어학의 일반적인 문법으로는 설명이 불가능하다. 필요한 문장 성분이 모두 들어 있고 정상적인 문장 구조를 가지고 있기 때문이다. 논리적으로 문제가 될 뿐 문법적으로는 아무 문제가 없다는 말이다. 그렇다면 우리는 왜 일상에서 이처럼 비논리적인 문장을 사용하면서도 전혀 불편 없이 의사소통할 수 있을까?

심리학의 잣대로 살펴보면 명쾌한 설명이 가능해진다. 바로 언어학에 심리학을 융복합한 '언어심리학' 덕분이다. "문 닫고 들어와"라고 말하는 화자의 심리 상태를 들여다봐야 한다. 화자의 주목적은 청자가 안으로 들어오는 것보다 문을 닫게 하는

심리학이 다른 분야와 만나면
해결되는 일

데 있다. 그러므로 화자가 더 중요하게 여기는 사건인 문을 닫는 행위를 먼저 말로 꺼내게 된다. 문을 닫는 행위가 더 중요하므로 문을 닫으라는 명령을 앞에 두고, 들어오라는 명령을 뒤에 두는 것이다. 먼저 문을 닫고, 그다음에 안으로 들어오라는 명령은 청자가 논리적으로는 해낼 수 없는 명령이다. 하지만 청자는 화자의 심리, 즉 화자가 말하는 목적을 이해하고 자연스럽게 안으로 들어와 서둘러 문을 닫는다.

우리말에는 이런 식으로 화자의 심리가 반영된 '말이 안 되는 말'이 꽤 있다. "꼼짝 말고 손들어."도 여기에 해당한다. 이 말의 화자는 상대방이 손을 드는 것보다 꼼짝하지 않는 것이 훨씬 더 급박한 일이라고 판단한다. 그래서 먼저 꼼짝하지 말라고 명령한다. 얼핏 보면 논리적으로 모순이 있는 표현이지만 청자는 순순히 손을 든다. 청자가 "꼼짝하지 않고 어떻게 손을 듭니까?"라고 반박하지 않는 이유는 화자의 주목적이 어디에 있는지 잘 알기 때문이다. 이렇게 앞뒤가 안 맞는 표현이 왜 일상에서는 아무 문제없이 원활한 의사소통을 가능하게 하는지 설명할 수 있는 사람이 언어심리학자들이다.

융복합에는 끝이 없다

건축물을 지을 때 사람의 마음을 반영하기 위해 첨단 공학뿐만 아니라 심리학의 도움을 받는데, 이것이 '건축심리학'이다.

광고를 통한 마케팅에 심리학을 접목한 것은 '광고심리학' 혹은 '마케팅심리학'이다. 학생들을 가르칠 때 학습자의 마음을 헤아린 교육 방법을 연구하는 학문으로 '교육심리학'이 있다. 색채가 사람의 심리에 미치는 영향과 관계를 연구하는 '색채심리학'이 있고, 심리학적 지식을 산업 현장에 적용해 조직의 효율성과 생산성을 높이기 위한 '산업심리학'도 있다. 또 여러 동물이 지닌 특색 있는 행동 양식을 연구하고 사람과 비교하는 '동물심리학'은 동물행동학에 심리학이 융복합된 사례라고 할 수 있다.

위에서 이야기한 구체적 사례들은 현실적으로 부딪히는 여러 문제를 해결하거나 해명하기 위해 심리학적 원리와 방법을 적용하였다는 점에서, 모두 '응용심리학'이라고 한다. 하지만 학문 사이에 융합을 이루고 있다는 점에서 '융합심리학'이라고도 부를 수 있다. 융복합이 가능한 학문이 심리학뿐일까? 이 세상의 모든 학문(분야)은 다른 어떤 학문(분야)과도 융복합될 가능성이 우주처럼 무궁무진하다. 융복합에는 끝이 없고 한계도 없다.

일상에서 심리학의 단서를 찾다

심리학이 다른 분야와 만나면
해결되는 일

미국 뉴멕시코주에는 푸에블로 보니토(Pueblo Bonito)라는 커다란 유적이 있다. 마치 돌로 만든 아파트처럼 보이는 이곳은 인디언 선조들이 살았던 곳으로 추정된다. 그런데 이곳에서 번영을 누리며 살던 이들은 어느 날 갑자기 사라져 버렸다. 고고학자들은 태양 흑점과 나무의 나이테를 조사하여 13세기쯤 심각한 가뭄이 있었다는 것을 알아냈다. 천문학과 기후학, 식물학을 통해 설득력 있는 원인을 밝혀낸 것이다.

동물은 가장 정교한
공학 기술의 집합체

: 엔지니어가 동물에게 배우다

동물은 생체모방 기술의 원천

인류는 오래전부터 자연을 모방하고 응용하며 과학기술을
발전시켜 왔다. 하늘을 날고 싶었던 르네상스 시대의 대표적
화가 레오나르도 다빈치(Leonardo da Vinci)는 하늘을 나는 새를 오
랫동안 관찰하여 오니숍터(Ornithopter, 새처럼 상하로 날개짓을 해서
나는 비행기)를 그렸다. 비록 실제 비행은 시도조차 못 했지만, 라
이트 형제보다 앞선 역사상 최초의 비행기라고 할 수 있다. 이
오니숍터가 생체모방 기술의 원천을 살아 있는 동물에서 찾은
사례다.

생체모방은 '바이오미메틱스(Biomimetics)'라고도 하는데, 자연

에서 볼 수 있는 디자인적 요소나 특별히 뛰어난 장점을 연구하고, 생물이 가진 여러 가지 기능을 모방하는 학문이다. 생체모방은 여전히 공학 기술자들이 끊임없이 관심을 갖는 대상이다. 과학기술이 발달함에 따라 생체모방 기술도 눈부신 성과들을 속속 내놓고 있다.

가장 널리 알려진 생체모방의 예가 벨크로 테이프다. 어느 날 스위스 공학자 조르주 드 메스트랄(George de Mestral)이 개와 사냥을 나갔다가 자신의 바지와 개의 털에 날아와 달라붙은 산우엉 가시를 보게 된다. 그 모습을 눈여겨본 조르주는 산우엉 가시 끝에 달린 작은 갈고리를 발견하고 그 형태를 모방하여 만들었다. 벨크로 테이프는 발명 당시 NASA(미국항공우주국)에

서 달로 떠나는 비행사들의 우주복과 신발에 부착할 만큼 특별
했고, 현재는 지퍼 못지않게 널리 쓰이는 기술이 되었다.

인류는 왜 자연과 생물을 모방하여 새로운 기술을 습득하려
고 할까? 순수한 공학 기술로는 극복할 수 없는 어려운 문제에
대한 해답이 자연 속에 담겨 있기 때문이다. 신이 자연을 창조
했다면 자연 속 원리는 더할 나위 없이 완벽한 기술일 것이다.
오랜 시간에 걸친 진화의 결과가 자연이라면 수없이 많은 환경
의 제약을 이기고 지금까지 생존하게 한 최적의 기술을 갖추고
있을 것이다. 최첨단 기술이 넘쳐 나는 21세기이지만 엔지니어
들은 이렇게 말한다.

"어딘가에서 해결할 수 없는 문제가 생기거든 자연으로 눈을
돌려라."

야행성 동물의 눈이 가진 특별한 능력

어두운 밤, 넓은 초원을 뛰어다니는 야행성 동물. 적외선 카
메라를 방불케 하는 그들의 투시 능력에 주목한 사람들이 있었
다. 우리나라 대학 연구팀이 야행성 동물의 눈 구조 원리를 응
용해 기존보다 4배 이상 밝은 전계발광소자를 개발했다. 전계
발광이란 형광체에 전류가 흐르면 빛을 내는 현상을 일컫는데,
이 발광소자에는 재귀반사라는 원리가 숨어 있다. 재귀반사란
눈에 들어온 빛이 광원으로 그대로 되돌아가는 반사를 말한다.

동물에서 공학의 단서를 찾다

동물은 가장 정교한
공학 기술의 집합체

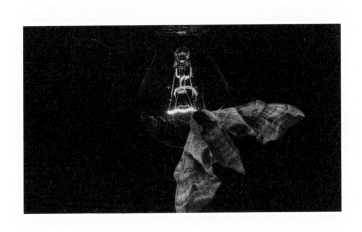

동물 다큐멘터리를 보면 어두운 밤에 동물의 눈만 발갛게 보이는 것이 바로 이 원리 때문이다. 이러한 야행성 동물의 눈 구조를 전계발광소자에 적용하여 기존의 발광소자보다 무려 4배 이상 더 밝은 빛을 얻게 되었다. 이를 더욱 응용하고 발전시키면 차세대 디스플레이(화면)나 조명에까지 사용할 수 있을 전망이다.

　야행성 동물을 전혀 다른 방향에서 모방한 사례도 있다. 나방은 야행성 동물임에도 불구하고, 어둠 속에서 빛이 나지 않는다. 재귀반사가 없기 때문이다. 왜 그럴까 살펴봤더니 나방의 눈은 빛을 거의 반사하지 않는 각막을 가지고 있었다. 과학자들은 나방이 가진 각막의 원리를 태양열 패널에 적용해 빛을 고스란히 흡수할 수 있도록 하였다. 기존 태양열 패널은 빛을 전부 흡수하지 못하고 일부를 반사했기 때문에 효율성이 떨어졌다. 한계에 부딪친 기술적 문제를 나방의 각막에서 힌트를 얻어 해결한 것이다. 이를 활용하여 빛 반사율을 기존 35퍼센트에서 3퍼센트 이하로 획기적으로 줄인 태양 전지를 개발해 냈다.

멍게가 노다지가 되고 홍합이 명의가 되는 융복합

바닷속 멍게는 바닷물에서 영양분을 얻는 특별한 능력이 있다. 우리나라의 한 연구팀은 이러한 멍게의 능력을 바닷물에서 금(金)을 얻어 내는 기술과 융복합하여 다양한 환경에서 쓸모 있는 물질을 얻고, 해로운 물질은 제거하는 새로운 기술을 만들어 냈다. 이 기술은 해양에서 쓸모 있는 광물을 찾아내거나 산업 폐기물에서 희귀 금속을 뽑아내는 분야, 반대로 오염된 해양을 복원하는 분야 등에 활용될 수 있다.

멍게는 바닷물을 빨아들여 영양분을 섭취하는데, 혈액 속 물질인 튜니크롬(Tunichrome)이 바닷물에 포함된 금속 물질을 선택적으로 거두어들이는 기능을 한다. 하지만 튜니크롬은 아주 적은 양만 있는 데다 쉽게 산화하기 때문에 혈액에서 분리하기 어렵다. 연구팀은 튜니크롬과 비슷한 성질을 지닌 물질을 개발하는 연구를 진행했고, 새우나 게와 같은 갑각류에 많은 키틴과

동물은 가장 정교한
공학 기술의 집합체

목재 산업 폐기물인 갈산을 화학적으로 결합해 신물질을 개발했다.

연구팀이 실험해 보았더니 신물질은 바닷물에 있는 유익한 금속인 금을 99퍼센트 회수하고, 불필요한 크롬은 99퍼센트 제거하는 것으로 나타났다. 또 신물질을 1그램 투입했더니 금이 약 0.53그램 회수됐고, 크롬은 0.15그램이 제거됐다. 멍게의 능력을 모방한 기술 개발에 성공한 것이다.

홍합에게는 멍게와는 또 다른 능력이 있다. 조개의 일종인 홍합은 아무리 크고 거친 파도가 몰아쳐도 바위에 딱 붙어 움직이지 않는다. 이런 홍합의 특성을 의학 분야와 융복합해 세계 최초로 초강력 의료용 접착제를 개발한 과학자도 우리나라 대학 연구팀이다. 이전에 사용하던 의료용 접착제는 약한 피부 조직에는 사용하기 어렵고, 염증이나 흉터가 남는 부작용이 있었다. 그런데 이 홍합 접착제를 사용하면 상처 부위를 순간적으로 붙일 수 있을 뿐만 아니라 염증을 일으키지도 않으며, 흉터를 빠르게 최소화할 수 있다. 더욱 놀라운 점은 내부 장기를 꿰매는 데도 사용할 수 있다는 것이다. 기존 의료용 접착제는 방광이나 대장 등 내부 장기를 수술할 때 몸속 수분 때문에 접착력이 떨어져 수술 부위를 실로 꿰매야 했다. 하지만 홍합 접착제는 몸속에서도 강한 접착력을 유지하여 내부 장기의 수술 부위도 큰 어려움 없이 완벽하게 붙일 수 있다.

홍합의 어떤 성분이 이런 강한 접착력을 가능하게 할까? 홍합은 젖은 바위에 달라붙기 위해 접착 단백질이라는 끈적끈적한 가는 실을 바위에 분비한다. 이 접착 단백질이 굳으면 홍합 하나가 무려 125킬로그램의 무게를 들어 올릴 수 있을 정도로 강력하고 우수한 기능을 발휘한다. 이렇게 멍게와 홍합이 가진 뜻밖의 습성과 능력이 다른 과학 분야와 만나 훌륭한 융복합 사례가 되었다.

코끼리에게 배우는 항암의 지혜

사람의 생명을 위협하는 암은 세포가 분열하는 과정에서 DNA의 돌연변이 때문에 생긴다. 보통은 몸집이 클수록 세포 수가 많으므로 사람보다 몸집이 큰 동물이 암에 더 잘 걸려야 한다. 그런데 실제로는 반대 현상이 나타난다. 사람의 암 발생률이 33~50퍼센트인데 사람보다 훨씬 큰 코끼리는 암 발생률이 5퍼센트 미만이다. 과학자들은 이러한 현상에 주목해 코끼리가 가진 강력한 항암 유전자를 찾아내기 위해 연구를 거듭하고 있다.

암을 이기는 코끼리의 비밀은 바로 '유전자'에 있다. 동물에게는 암세포를 자살로 이끄는 'LIF(백혈병억제인자)' 유전자가 있다. 하지만 오직 코끼리만이 이 유전자를 작동시키는 스위치 'P53(항암유전자)'를 많이 가지고 있다. 결국 코끼리가 가지고 있는 유전자 P53과 LIF의 결합이 암세포를 죽이는 데 결정적인 역할을 한 것이다.

86

동물은 가장 정교한
공학 기술의 집합체

　과학자들은 코끼리가 가진 항암 능력은 결국 후손을 더 많이 남기려는 본능에서 비롯됐다고 설명한다. 코끼리의 임신 기간은 무려 22개월인 데다 한 번에 보통 1마리만 낳는다. 긴 임신 기간 동안 코끼리는 유전자를 변화시켜 태아가 암에 걸려 죽는 비율을 줄인 것이다. 코끼리의 항암 능력에 대한 연구는 앞으로 암 환자 치료에 큰 도움을 줄 것으로 예상하고 있다.

　코끼리의 특성은 생체로봇 제작에도 적극 활용된다. 독일의 로봇 제작 업체 훼스토는 한 가지 동물 특성만 반영한 로봇이 아니라 두 생물체의 움직임을 결합한 '바이오닉 모션 로봇(Bionic Motion Robot)'의 하나인 옥토퍼스 그리퍼(Octopus Gripper)를 개발했다. 유연하게 움직이는 코끼리의 코와 문어 다리의 강력한 빨판을 결합한 로봇 팔이다. 일반적인 로봇의 팔은 인간의 팔 모양을 본떠 그대로 만든다. 그런데 이 로봇은 부드럽게 움직이는 코끼리 코의 끝부분에 문어 빨판처럼 생긴 장치를 단 덕분에 유연하면서도 강력하고 안정적으로 물체를 잡을 수 있다. 딱딱하고 둔탁한 겉모습을 가진 이전의 로봇들과는 다르다. 실제 생물처럼 유연한 재질과 움직임을 가진 소프트 로봇의 탄생이라는 점에서 주목할 만하다.

물총새와 산천어가 레일을 달린다

일본에서 고속철도 신칸센의 신형 모델을 개발하던 초창기 때 일이다. 아무리 노력해도 좀처럼 해결되지 않는 문제가 있었다. 바로 소음이었다. 신칸센 열차가 좁은 터널에 빠른 속도로 들어가면 터널 안 공기가 갑자기 압축되면서 압력이 높아진다. 열차가 터널에 깊이 들어올수록 압축은 점점 더 심해져서 음속에 가까운 압력파가 발생한다. 이 파동이 터널 출구를 통해 빠져나가면서 강력한 저주파 파장을 발생시켜 엄청난 소음을 냈다.

고심하던 신칸센 엔지니어들의 눈길을 잡은 건 바로 물총새였다. 물총새는 수면 위 1.5미터 정도 높이에서 물속으로 빠르게 다이빙하며 물고기를 잡는다. 저항이 약한 공기 중에서 저항이 강한 물속으로 빠르게 진입할 때, 물이 거의 튀지 않아 물고기들이 눈치채지 못하므로 사냥하기 좋다. 물총새의 고요한

동물은 가장 정교한
공학 기술의 집합체

사냥 비법은 바로 길쭉한 부리와 날렵한 머리에 있다. 물총새
가 날개를 접고 다이빙하는 순간 머리 앞쪽이 가늘고 길게 튀
어나온 탄환 모양이 되는데, 덕분에 수면에 진입할 때 파동을
최소로 만들 수 있었던 것이다.

이를 바탕으로 신칸센에 물총새의 부리 모양을 본뜬 디자인
이 적용되었다. 1996년에 나온 신칸센은 전 모델과 달리 앞부
분이 길고 뾰족하게 튀어나온 날렵한 모양새를 갖추었다. 새로
나온 모델은 터널 안에서 발생하는 소음을 확실하게 해결할 수
있었을 뿐만 아니라 특이한 디자인으로 관광객들에게 큰 인기
를 끌기도 했다. 신칸센은 그 뒤로도 계속 성능과 디자인이 개
선되었지만 머리 부분을 길고 뾰족하게 만든 디자인만은 변함
없이 유지되고 있다.

그렇다면 우리나라 고속철도 KTX는 어떨까? 2004년 처음 개통한 이후 꾸준히 성능 개선과 연구를 거듭하다가 2009년에 새로운 KTX가 공개되었다. 개선된 KTX는 공기 저항을 줄이기 위해 우리나라의 토종물고기인 산천어를 본떠 몸체를 유선형으로 디자인했다. 그래서 이름도 'KTX-산천'이라고 붙인 것이다. 한국과 일본을 대표하는 고속철도가 자연에 사는 어류와 조류에서 기술적 모티브를 얻었다는 점이 흥미롭다.

건물을 지을 때도 생체모방

아주 조그만 곤충이지만 흰개미가 사는 집에도 건축공학자들이 배워야 하는 첨단 건축의 원천 기술이 담겨 있다. 흰개미는 땅 위에 높은 탑 모양의 집을 짓고 산다. 도시 고층건물에 비견될 만한 이 높은 집을 흰개미는 단지 흙과 모래, 그리고 나무를 이용하여 짓는다. 콘크리트 같은 접착제 역할을 하는 것은 고작 침샘에서 분비되는 타액 뿐이다. 단순한 재료로 지은 집인데도 콘크리트처럼 단단해서 웬만해서는 무너지지 않는다.

흰개미가 주로 서식하는 아프리카 초원은 연평균 기온이 40도에 이르며 일교차도 심하다. 건기와 우기에 따라 습도 역시 불규칙하게 변한다. 놀라운 일은 흰개미가 지은 집에서는 습도, 통풍, 온도가 적당하게 유지된다는 점이다.

또한 집의 아래위에 적절히 구멍이 뚫려 있어 자연스럽게 환

동물은 가장 정교한
공학 기술의 집합체

세상에 쓸모없는 존재는 없다.
아무리 작고 변변치 않아 보여도 자연에는 그들만의
놀라운 세상이 있다.

기가 이루어진다. 낮에는 흰개미 집 바닥에 뚫려 있는 구멍들로 신선한 공기가 들어오고, 데워진 공기는 윗부분의 구멍으로 빠져나간다. 따라서 태양열을 받아 외벽은 손을 댈 수 없을 정도로 뜨거운데도 내부 온도는 29도 내외를 유지한다. 지하에 있는 방에서 들어온 시원한 공기가 내부를 돌면서 열을 식혀 주고, 밤에는 차가운 공기를 밖으로 내보내면서 온도를 조절하는 원리이다.

흰개미 집의 공기 순환 장치는 현대 건축에 사용되는 첨단 공기 순환 장치의 원리와 비슷하다는 점에서 사람이 만든 것 이상으로 과학적이다. 그러나 어떤 점에서는 현대 건축 기술이 흰개미의 공기 순환 기술에 미치지 못한다. 흰개미는 공기 순환 장치를 움직이게 할 때 어떤 에너지도 동원하지 않고, 자연 스스로 움직이게 만들었기 때문이다. 반면 사람의 건축공학 기술은 대단히 값비싼 전기 에너지를 소비해야만 냉난방 장치를 작동시킬 수 있다.

짐바브웨가 고향인 건축가 마이크 피어스(Mike Pearce)는 흰개미 집에서 아이디어를 얻어 아프리카 짐바브웨의 수도 하라레에 이스트 게이트 쇼핑센터를 세웠다. 세계 최초의 자연 냉방 건물이다. 아프리카 흰개미들이 큰 일교차에도 일정하게 내부 온도를 유지하는 자연적인 과정을 건물에 그대로 적용하여 융복합시킨 것이다. 흰개미 집처럼 건물 옥상에 구멍을 뚫어 뜨거운 공기가 자연스럽게 올라갈 수 있도록 하고, 건물 바닥에도 구멍을 뚫어 찬 공기를 건물 위쪽으로 순환시켰다. 이 건물

동물은 가장 정교한
공학 기술의 집합체

은 찌는 듯한 한여름 낮에도 에어컨 없이 실내온도 24도를 유지하고 있다. 또한 온도를 일정하게 유지하는 데 쓰는 에너지는 비슷한 규모의 건물이 쓰는 에너지양의 10분의 1도 되지 않는다. 마이크는 이스트 게이트와 같은 형식으로 호주 멜버른에 시의회 청사도 만들었는데, 이 건축물은 생체모방으로 만든 가장 창의적인 건물이라고 할 만하다.

자연과 동물의 능력은 때로 인간의 상상을 넘어설 때가 많다. 이런 동물의 능력을 꾸준히 연구하여 다른 분야와 융복합한다면 사람의 삶을 더욱 풍성하게 만들 수 있지 않을까? 사람은 자연에서 배울 게 참 많다. 자연은 사람보다 위대하기 때문이다.

아프리카 남서부의 나미브 사막은 강수량이 적기로 유명하다. 그런데 이 건조한 곳에서 풍뎅이는 별 탈 없이 살아가고 있다. 풍뎅이의 등에는 돌기가 촘촘히 늘어서 있는데, 돌기 끝은 물과 잘 달라붙는 성질(친수성)을 가진 반면 돌기 아래쪽과 등은 물을 밀어내는 성질(소수성)을 가지고 있다. 풍뎅이는 밤이 되면 모래언덕 꼭대기로 올라가 돌기 끝으로 안개 속의 수증기를 모은다. 수증기가 모여 만들어진 물방울은 돌기 끝에서 등으로 굴러 떨어지고, 물을 밀어내는 성질을 가진 등을 타고 풍뎅이의 입으로 들어간다.

94

매일 보는 지하철 노선도에 이런 비밀이?

: 위상수학의 원리로 지하철 노선도를 디자인한다

지하철 노선도가 실제 지도의 위치와 다른 이유

우리나라 수도권 지하철은 세계적으로도 편리하며 쾌적하다고 알려진 자랑스러운 기술력 중 하나이다. 이런 우리나라 지하철의 규모를 가장 잘 보여 주는 게 바로 지하철 노선도인데, 지하철의 모든 정보가 들어 있다고 할 수 있을 만큼 훌륭한 디자인으로 평가받고 있다.

그런데 요즘 우리가 보고 있는 노선도는 초창기의 것과는 다른 점이 있다. 초창기 노선도에는 지하철역의 위치가 실제 지도상 위치와 거의 비슷하게 표시됐었다는 점이다.

왼쪽 초창기 노선도는 각 역의 위치를 실제 지도상의 위치로

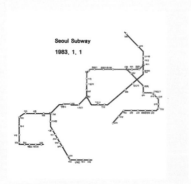

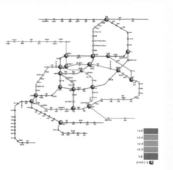

나타내려고 애썼다. 그래서 어떤 역은 역과 역 사이의 거리가 눈에 띄게 멀리 표시되어 있었고, 사람들은 노선도만 보아도 '아, 내가 지금 북쪽으로 올라가고 있구나, 역과 역 사이의 거리가 먼 것을 보니 다음 역까지는 좀 오래 걸리겠구나' 하는 정보까지 얻을 수 있었다.

하지만 지금 지하철 노선도에는 그런 정보가 전혀 들어 있지 않은데 이유가 무엇일까? 세계 최초의 지하철 노선도는 상업이 발달한 1920년대 영국 디자이너 프레드 스팅모어(Fred Stingmore)가 그린 노선도다. 이 노선도는 런던의 지도 위에 지하철이 지나가는 길을 표시한 정도에 불과했다. 왜냐면 노선도를 만들 때 지도와 일치하게 그려야 이용객이 이해하기 쉬울 거라는 생각이 반영되었기 때문이다. 그러나 프레드가 만든 노선도

매일 보는 지하철 노선도에
이런 비밀이?

는 오히려 사람들을 혼란스럽게 만들었다.

"도대체 런던역으로 가려면 어디서 갈아타야 하고, 시간은 얼마나 걸리는 거지?"

노선도에는 지하철 정보 외에도 도로, 철도, 강과 같은 많은 정보가 표기되어 있었지만, 정작 지하철 이용에 필요한 정보는 없었던 것이다. 상업이 발달할수록 지하철은 더욱 확장되었고, 런던 교통국은 노선이 계속 늘어날수록 불편을 호소하는 승객들의 불만에 골머리를 썩게 되었다. 이러한 문제를 해결하려고 전기 기술자 해리 벡(Herry Beck)이 수학적 원리를 접목한 노선도 도안을 만들었는데, 그 도안이 현재 전 세계 지하철 노선도의 시초가 되었다.

지하철 노선도 제작에 왜 수학이 필요했을까?

'위상수학자 앞에 접시, 머그잔, 도넛이 놓여 있고, 그에게 세 물체 중 서로 같은 성질을 가진 물건을 고르라고 한다면, 위상수학자는 접시와 머그잔이 아닌 머그잔과 도넛을 고를 것이다.'

해리가 지하철 노선도에 접목한 수학은 바로 위상수학이다. 위상수학은 수학자 요한 베네딕트 리스팅(Johann Benedict Listing)이 처음 용어를 사용하며 정의 내렸다. 어떤 일정한 공간 안에 위치한 점이나 선, 면들에 관해 그 실제적인 크기나 양에 관계없이, 서로의 위치와 형상에만 집중하는 수학의 한 분야이다. 그

래서 위상수학의 특징을 이야기할 때 주로 도넛과 머그잔의 예를 들곤 한다. 일반적으로 보면 도넛과 머그잔은 전혀 다른 성질을 가지고 있지만, 위상수학에서는 머그잔과 도넛 모두 한 개의 구멍을 갖고 있기 때문에 같은 형태의 범주로 볼 수 있다는 것이다.

'지하철 승객은 가는 길에 무엇이 있는지 알 필요 없어. 그저 어디에서 타고 어디에서 내리면 되는지만 알면 되는 거야. 그렇다면 노선도에 위상수학을 적용해 역과 노선의 관계만 보여주고 지형적인 내용들은 과감히 빼 보자.'

이렇게 생각한 해리는 지도를 지우고 점과 선만을 이용해 보기로 했다. 지하철역을 하나의 점으로 본다면, 위상수학에서는 '어떤 점이 실제 지형의 어디에 위치하는가'는 중요하게 생각

매일 보는 지하철 노선도에
이런 비밀이?

하지 않는다. 위상수학에서는 한 점과 다른 점 사이의 관계, 즉 점과 점이 서로 어떻게 연결되는지, 또 그 점들을 연결한 선은 다른 선과 어떤 관계가 있는지에만 집중한다. 해리는 위상수학 개념을 융복합한 새로운 노선도를 만들어 승객들의 불편을 크게 줄일 수 있었다.

지도를 바탕으로 한 지하철 노선도는 자신이 실제로 어느 지역에 있는지 위치 정보까지 알 수 있지만, 자신이 직접 운전하는 게 아니라면 현재 위치 정보를 알 필요는 없다. 승객에게 필요한 정보는 최종적으로 도착해야 할 목적지가 어디인지, 목적지까지 몇 정거장을 가야 하고, 또 어디서 갈아타야 하는지에 관한 정보뿐이다. 따라서 실제 지리적 위치를 없애고 역과 역, 노선과 노선의 관계를 분명하게 보여 주는 것만으로도 승객이 원하는 정보를 빠르게 얻을 수 있다. 결국 지하철이 알아서 움직일 테니 승객은 자신이 어떤 점에서 어떤 점으로 이동할 것인지만 판단하면 되므로, 해리가 고안한 노선도가 점과 선으로만 되어 있는데도 사람들이 불편 없이 이용할 수 있었다. 그래서 노선도는 지도처럼 보이지만 지도일 필요는 없기 때문에 때로는 '선의의 거짓말을 하는 지도'라고 부르기도 한다.

소수자를 위한 디자인을 설계하다

이렇게 위상수학은 지하철의 움직임과 역의 관계만을 알려 주는 지하철 노선도를 구성하는 데 가장 적합한 학문이다. 따라서 노선도는 수학과 지도가 결합된 독특한 안내서라고 할 수 있다. 하지만 현재 노선도가 모든 사람에게 편리하고 완벽한 안내서는 아니다. 아쉽게도 일부는 여전히 노선도를 보는 데 많은 불편을 겪고 있다.

"수도권 지하철은 노선이 너무 많고 각 노선을 색으로 구분하고 있는데, 저는 모두 같은 색으로 보여서 노선을 잘 구분하지 못하겠어요."

이들은 바로 색약, 색맹처럼 색을 잘 구별하지 못하는 색각이상자이다. 특히 환승할 때에는 어느 역에서 어느 노선으로 갈아타야 하는지에 관한 정보를 주로 노선마다 다른 색을 통해 알려 준다. 하지만 색각이상자에게는 그저 여러 선이 복잡하게 얽혀 있는 그림처럼 보이기 때문에 환승에 대한 정확한 정보를 얻기 힘들다.

색각이상자는 신호등도 불이 켜진 위치를 보고 판단할 만큼 일상생활에서 불편을 느낀다고 한다. 그러다 보니 주로 색으로 정보를 전달하는 지하철 노선도는 더욱 불편할 수밖에 없다. 이런 색각이상자가 우리나라에만 150만 명이 넘는다고 하니 적은 숫자는 아니다. 이들의 불편함을 덜어 주기 위해 포털 사이트 네이버에서는 2014년 공공디자인 프로젝트로 색각이상자를 위한 노선도를 만들었다.

프로젝트를 위해 디자이너들이 처음 모였을 때는 색각이상자들이 어떤 점을 불편해 하는지 자세히 알 수 없었다. 첫 단계

매일 보는 지하철 노선도에
이런 비밀이?

부터 막혀 버린 프로젝트의 난관을 해결하기 위해 그들은 가장 단순한 방법으로 접근하기로 했다. 먼저 색각이상자가 지하철을 이용할 때 얼마나 불편함을 겪고 있는지 알아보기 위해 몇 명의 색각이상자와 함께 지하철 이용에 걸리는 시간을 직접 테스트해 보았다. 테스트에 참여한 색각이상자들은 색각이상이 없는 사람들보다 20~30분 정도 더 늦을 정도로 어려움을 겪었다. 디자이너들은 실제로 색각이상자가 지하철을 이용할 때 겪는 불편함을 경험하고, 주로 어떤 부분에서 어려움을 겪는지에 대한 정보도 얻을 수 있었다. 이후 디자이너들은 본격적으로 프로젝트팀을 구성하고 새 노선도를 만들기 시작했다.

"현재의 디자인에 조금만 손을 댔다간 오히려 더욱 복잡한 노선도가 되어 버리니, 단순하면서도 필요한 정보는 모두 갖추도록 만드는 디자인을 구상해야 합니다."

그러나 점과 선만으로 이루어진 지하철 노선도를 더 간단하면서도 편리하게 디자인하는 일은 결코 쉽지 않았다. 오랜 고민 끝에 프로젝트팀은 변경해야 할 디자인의 방향성을 네 가지로 결정하고 그 방안을 중심으로 디자인을 바꾸기 시작했다.

그 네 가지 방향 중 첫째는 노선들이 교차하는 지점에서 노선이 향하는 방향을 정확히 확인할 수 있도록 곡선과 직선을 구별하여 활용하는 디자인을 적용하는 방안이었다. 둘째는 겹치는 노선의 색을 크게 바꾸지 않으면서 명도를 높이고 채도는 낮추는 방안이었는데, 이 방법은 겹치는 노선의 색들이 서로 충돌하는 것을 최대한 막는 효과가 있었다. 셋째는 노선들이 교차하는 지점에서 한 노선이 어느 방향으로 나 있는가를 정확히 구분할 수 있도록 외곽선을 삽입하는 방안이었다.

마지막으로 그림처럼 환승역에 대한 정보를 좀 더 자세히 주는 방안이었다. 즉, 환승역에 이전에는 표시하지 않았던 해당 노선의 숫자를 표시해 주고 그 정보를 더욱 크게 그리는 방법인데, 색각이상자뿐만 아니라 모든 사람들이 보다 편리하게 이용할 수 있어 일반 노선도에도 이를 적용하자는 의견이 많았다.

복잡한 것을 단순하게 만드는 것도 융복합의 힘

새로 디자인한 지하철 노선도는 어떤 효과를 거두었을까? 무려 9개월간의 프로젝트가 끝나고 프로젝트팀은 새로 디자인한 노선도를 웹페이지 '네이버 지도'에 실었다. 색각이상자가 기존 노선도로 특정 이동 경로를 찾는 데에 평균 53초가 걸렸는데, 새로 디자인한 노선도에서는 소요 시간이 평균 25초에 불과했다. 시간을 절반 이상 줄이는 데 성공했을 뿐만 아니라 일반인도 이 노선도를 활용하니 평균 20퍼센트 이상의 시간을 절약할 수 있었다. 색각이상자를 위해 새로 디자인한 노선도는 세계 3대 디자인 시상식인 IDEA에서 동상을 수상했고, 소수를 위해 만든 디자인이 모두를 위한 디자인이 되었다는 평가를 받았다. 단순했던 노선도에 디자인의 힘을 융복합하니 새로운 상승효과가 생겨난 것이다.

일상에서 융복합의 단서를 찾다

매일 보는 지하철 노선도에
이런 비밀이?

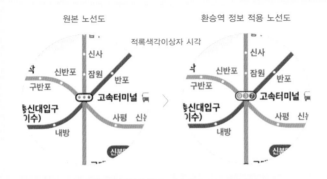

원본 노선도   환승역 정보 적용 노선도

적록색각이상자 시각

   이렇게 단순해 보이는 디자인이 엄청난 시행착오 끝에 만들어졌다는 사실을 아는 사람은 많지 않다. 복잡한 것을 단순하게 표현하는 것이야말로 진짜 어려운 일이다. 단순한 지도로만 보았던 지하철 노선도에 수학, 디자인과 같은 다양한 분야가 숨어 있고, 여러 가지 정보를 최대한 단순하게 표현하는 데에도 융복합 기술이 필요하다는 것을 잘 보여 주고 있다. 어쩌면 우리 주변에 있는 모든 것들은 다양한 요소가 결합된 융복합의 결과물일 수도 있는데, 우리가 인식하지 못한 채 살아가는지도 모른다.

※ 아래의 사례에서 보듯이 일상에서 익숙한 디자인을 찾고, 어떤 변화를 주면 의미 있는 디자인이 될 수 있을지 생각해 보자.

뉴욕에 살던 사라 헨드렌(Sara hendren)은 기존에 사용하는 장애인 마크를 보며 매우 수동적이라고 생각했다. 사라는 직접 마크를 바꾸기로 결심하고, 장애인에 대한 고정관념을 바꾸고자 더 능동적인 모습을 한 새로운 마크를 만들었다. 새로 만든 스티커를 뉴욕 시내 곳곳에 붙였지만 불법으로 규정한 뉴욕시는 계속 떼어 내기에 바빴다. 그러나 뉴욕 시민들은 새로운 마크를 지지했고, 2014년 새로운 공식 마크로 채택되었다.

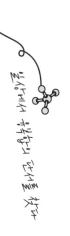

일상에서 평범한 디자인 찾기

CEO가 과학자에게 배워야 할 것은?

: 경영을 과학과 접목하다

다윗은 어떻게 골리앗을 이길 수 있었을까?

"흥! 이제 갓 시장에 뛰어든 작은 온라인 비디오 회사가 무슨 위협이 된다고 겁을 먹겠어!"

1997년 미국의 대표적인 영화 대여 업체 '블록버스터(Blockbuster)' 와 '넷플릭스(Netflix)'의 경쟁이 시작되었다. 다윗과 골리앗의 싸움에 비유할 만큼 당시 넷플릭스는 아주 작은 회사에 불과했다. 반면 미국의 비디오 대여 산업을 주름잡고 있던 블록버스터는 전성기인 2004년에 약 7조 원의 매출을 낸 대기업이었다. 블록버스터는 정해진 기간 동안 일정 금액을 받고 비디오테이프(VHS)를 대여한 후 돌려받는 방식으로 회사를 운영했는데,

고객들은 반납 기한을 지키지 못하면 연체료를 물어야 했다. 간혹 고객들이 불만을 비쳤지만 전국에 있는 수천 개 매장 어디서나 자유롭게 이용할 수 있고, 비디오 대여 시장을 거의 독점하다시피 했기 때문에 고객들은 블록버스터를 이용할 수밖에 없었다.

하지만 1997년 온라인 비디오 대여점인 넷플릭스가 생기자 상황은 조금씩 변하기 시작했다. 넷플릭스의 창립자 리드 헤이스팅스(Reed Hastings)는 한 가지 아이디어를 떠올렸다. 사람들이 새로운 영화가 나올 때마다 블록버스터에 몰려들어 먼저 대여하기 위해 경쟁하는 모습과 비싼 연체료 때문에 불평하는 소리를 듣고 난 뒤였다.

블록버스터 경쟁의 단서를 찾다

CEO가 과학자에게
배워야 할 것은?

'차라리 회원들에게 월정액으로 요금을 받은 후 비디오를 집으로 배달해 주는 사업을 해 보자!'

그 후 리드는 'No Late Free(연체료 없음)'라는 타이틀을 걸고, 인터넷과 DVD 시장이 확장되는 틈을 타 비디오테이프보다 훨씬 부피가 작은 DVD를 집으로 배달하는 사업을 시작했다. 넷플릭스의 시작이었다. 넷플릭스는 고객이 주문한 DVD를 다음날 배송받을 수 있도록 자체 물류 시스템을 갖추고 우체국과 협력하여 배송했다. 또 연체료가 없는 대신 빨리 반납한 고객에게는 다른 영화를 추가 대여해 주는 방법으로 적극적인 반납을 이끌어 냈다. 이러한 시스템은 기존 고객들에게 신선한 충격을 주었고, 큰 호응을 얻은 넷플릭스는 블록버스터를 위협할 정도로 빠르게 성장했다.

위협을 느낀 블록버스터는 넷플릭스에게 대항하기 위해 2006년에 '블록버스터 온라인'을 출시했다. 그러자 오프라인에서는 상대적으로 약체인 넷플릭스의 맹추격을 따돌리며 정상의 자리를 유지할 수 있었다. 하지만 경영진의 갈등으로 새롭게 부임한 경영자 짐 키스(James W. Keyes)는 시대의 흐름을 읽지 못했다. 그는 블록버스터의 본질을 오프라인 대여 업체로 규정짓고 온라인 사업을 축소시켰다. 그러나 오프라인 시대는 이미 저물어 가고 있었다. 그사이 넷플릭스는 온라인 스트리밍 서비스, 빅데이터 기술을 이용한 고객 맞춤 추천 콘텐츠 제공, 자체 제작 콘텐츠 개발 등 수학과 과학 기술을 접목한 경영으로 무섭게 성장하고 있었다. 결국 블록버스터는 2010년에 파산 신청을 했고, 넷플릭스는 온라인 스트리밍 서비스 기업의 최고 자리에 오른다.

데이터 과학자가 효율적인 경영을 돕는다

이렇게 경영자 한 사람의 추진력이나 의사 결정에 의존한 주먹구구식 경영 방식은 힘을 잃어 가고 있다. 4차 산업혁명 시대에는 넷플릭스처럼 과학적 지식으로 무장한 새로운 경영 방식이 필요하다. 4차 산업혁명 시대의 경영이란 수많은 자료와 정보를 수집하고, 과학적 분석을 통해 의사를 결정하는 과정을 뜻한다.

"가게도 깨끗하고 종업원도 모두 친절한데 왜 매상이 오르지 않을까?"

기업에 다니다 퇴직하고 큰 식당을 창업한 김 씨는 좋은 식재료를 사용하고 직원 교육에도 힘썼지만 매상이 오르지 않자 늘 걱정이었다. 결국 그는 친구의 추천으로 경영 컨설팅을 받아 보기로 했다. 컨설턴트는 먼저 어떤 메뉴가 많이 팔렸는지 알수 있도록 매출 기록을 요구했다. 하루하루 매상에만 신경 쓰느라 매출 기록을 정리하지 못한 김 씨는 당황했다. 식당은 맛있는 음식과 친절한 서비스를 제공하기만 하면 된다고 생각하고 있었다. 김 씨는 며칠 밤을 꼬박 새워 매출 기록을 정리했다. 매출 자료를 보며 김 씨가 놀란 점은 주력 메뉴인 돈가스보다 냉

CEO가 과학자에게
배워야 할 것은?

늘 같은 경영 방식만 고집하다 언젠가는 사라질지도 모른다.
스스로 바꾸고 변화하는 세상을
받아들이는 노력도 필요하다.

면과 볶음밥 그리고 덮밥이 더 많이 팔렸다는 사실이었다. 며칠 뒤 컨설턴트는 매출 자료를 분석한 내용을 들려주었다.

"잘 팔리는 음식은 주로 메뉴판 제일 앞장에 있는 음식입니다. 음식 종류가 너무 많아서 손님들이 뒷장에 있는 돈가스를 주력 메뉴로 인식하지 못하고, 그냥 맨 앞장에 있는 음식을 시킨 것으로 보입니다. 주력 메뉴를 중심으로 메뉴판 구성을 바꿔야 할 것 같아요. 또 특이한 점은 냉면을 시킨 사람들 중에 덮밥을 함께 시킨 사람이 상당히 많았다는 겁니다. 뭘 의미할까요?"

"아, 냉면과 덮밥이 서로 잘 어울리는 음식이라는 뜻이니 두 음식을 세트 메뉴로 만들면 좋겠군요?"

"네. 그리고 테이블 배치도 고객들의 동선을 고려하여 바꾸면 좋겠습니다."

컨설팅을 받은 김 씨는 그대로 실천했고 매상이 오르는 효과를 거두었다. 그는 식당을 운영하는 데 맛있는 음식과 친절뿐만 아니라 매출 분석과 같은 데이터 관리도 중요하다는 사실을 깨달았다.

이렇게 경영에서 과학적 분석이 차지하는 중요도는 다른 사례에서도 알 수 있다. 2015년 영화 〈인턴(The Intern)〉에는 주인공인 온라인 의류 쇼핑몰의 CEO와 임원들이 쇼핑몰 홈페이지의 첫 화면을 어떻게 디자인할지 의논하는 장면이 나온다. 여기에서 의사 결정을 할 때 상급자의 의견은 크게 중요하지 않다. 대신 홈페이지 디자인을 어떻게 하느냐에 따라 매출이 변화하는

CEO가 과학자에게 배워야 할 것은?

상황을 수집한 데이터가 중요한 역할을 한다. 또한 단순해 보이는 놀이공원이지만 디즈니랜드는 치밀한 데이터 분석 결과를 이용해 만들었다. 놀이기구의 순서, 기념품 매장과 식당의 배치는 이용객의 동선을 생각해 구성했다. 심지어 기념품 가게에 놓인 인형 미키마우스와 도널드덕의 진열 순서 하나하나에도 고객들의 구매 유형을 분석한 데이터가 숨어 있다.

MIT의 인재들이 발견한 네트워크 비즈니스

2009년 12월, 인터넷 탄생 40주년 기념행사로 미국 국방부가 홈페이지에 이벤트를 공지했다.

"우리는 비밀리에 미국 곳곳에 10개의 빨간 풍선을 설치해 두었습니다. 이 10개 풍선의 정확한 위치를 가장 먼저 찾는 사람에게 4만 달러의 상금을 드립니다."

미국 국방부의 방위고등연구계획국(DARPA)에서 기획한 이 이벤트는 사실 인터넷상에서 정보 확산 속도와 정확도를 알아보기 위한 실험이었다. 국방부는 사람들이 인터넷을 활용해 10개의 풍선을 모두 찾는 가장 빠른 시간을 '9일'로 예상했다. 하지만 놀랍게도 이벤트에 참여한 4,000개 팀 중 MIT(메사추세츠공과대학교) 팀은 불과 '9시간' 만에 10개의 풍선을 모두 찾아냈다.

어떻게 MIT 팀은 이토록 빠른 시간 안에 모든 풍선을 찾아

낼 수 있었을까? MIT 팀은 인터넷 사이트를 분석하여 당시 정보 트래픽(인터넷으로 전송되는 데이터의 양)이 가장 많은 사이트와 블로그 등에 풍선 찾기 이벤트가 있다고 알렸다. 그리고 트위터와 페이스북을 활용하여 자신들을 도와줄 제보자를 모집했다. 여기까지 실행한 방법은 인터넷을 하는 사람이라면 누구나 생각할 수 있고, 이벤트에 참여한 다른 팀들 역시 이 방법을 이용하여 시민들의 제보를 기다리고 있었다. 그러나 풍선을 찾은 사람들은 자신이 나머지 풍선을 찾아 상금을 받으려는 경쟁 심리 때문에 도움을 주려고 하지 않았다.

MIT 팀은 여기에 한 가지 필살기를 더했다.

"내가 우연히 풍선을 하나 찾았지만 나머지 모든 풍선을 다 찾을 수는 없어. 그런데 내가 찾은 것을 알려 주기만 해도 상금의 일부를 준다고?"

이들의 필살기는 바로 제보하는 모든 사람에게 이익을 나누어 주는 집단 협업 체제였다. MIT 팀은 상금이 4만 달러라는 점에 착안하여 풍선을 찾은 사람에게 2,000달러를 보상금으로 주기로 했다. 또 풍선을 찾은 사람은 자신에게 처음 이벤트를 알려 준 사람에게 1,000달러를 주고, 그 이벤트를 알려 준 사람도 자신에게 이벤트를 알려 준 사람에게 500달러를 주고, 그 사람은 다시 자신에게 알려 준 사람에게 절반을 주는 방식으로 사람들에게 제보를 요청했다. 그러면 MIT 팀에서 지불해야 할 보상금 액수가 무한정 커지지 않을까 하는 의문이 생긴다. 하지만 MIT 팀은 수학의 극한 개념을 도입하면 풍선 한 개를 찾

CEO가 과학자에게
배워야 할 것은?

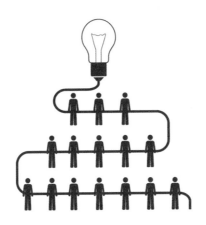

기까지 아무리 많은 사람이 참여해도 비용이 4,000달러를 넘지 않는다고 계산했다. 그렇게 10개의 풍선을 찾으면 상금인 4만 달러를 넘지 않는다는 계산이 나온다. MIT 팀의 아이디어 덕분에 자칫 경쟁적으로만 진행될 뻔한 이벤트는 집단 협업이라는 방식을 만들었다. 게다가 9시간 만에 모든 풍선을 찾을 수 있게 한 인터넷의 놀랍고도 강력한 힘을 확인시켜 주었다.

이 사례는 변화해 가는 환경에서 기업과 경영자가 갖추어야 할 새로운 경영 철학을 제시해 주고 있다. 바로 SNS를 활용한 집단 협업의 데이터를 기업 경영에 이용하는 방식이다. 즉, 어떤 제품이나 서비스를 고전적인 방식으로 광고하는 대신 실제로 한 제품을 써 본 소비자가 제품의 우수성이나 사용 후기를 다른 소비자에게 전달한다. 내용을 전달받은 소비자는 자신의 의견을 또 다른 사람에게 전달하는 과정을 끊임없이 반복하도록 이끌어 내는 방식이다. 그러면 소비자가 자발적으로 제품 광고를 전해 주는 집단 협업이 되므로 짧은 시간에 더 많은 소비가 이루어지는데, 이것을 '네트워크 비즈니스(Network Business)'라고 한다.

이제는 경영과학의 시대

사람들은 이제 기업에서 작성한 일방적인 홍보물이나 설명서를 잘 읽지 않는다. 그보다는 많은 사람들의 평가와 후기를 인터넷에서 열심히 검색하여 제품을 살 때 참고 자료로 삼는다. 제품 품질에 대한 사용자의 솔직한 평가를 들을 수 있고, 불량품을 샀을 경우 기업에서 어떻게 대처하는가에 대한 정보 등도 얻을 수 있기 때문이다. 또 이런 정보들은 소비자의 SNS를 통해 빠르게 퍼져 나간다. 네트워크 비즈니스의 속도는 과거부터 해 오던 일방적 광고와는 비교할 수 없을 정도로 빠르다.

그래서 요즘 기업 경영에서 중요한 요소는 인터넷상에 수없이 널려 있는 정보를 분석하여 관리할 수 있는 능력, 소비자에게 집단 협업을 이끌어 낼 수 있는 프로그래밍 시스템, 그리고 과학적으로 분석된 데이터에 따른 의사 결정 체계이다. 이

CEO가 과학자에게
배워야 할 것은?

런 요소들이 종합된 경영 방식을 이른바 '경영과학(Management Science)'이라고 한다. 경영과학을 실현하기 위해서는 소수의 경영자가 일방적으로 의사 결정을 하지 않아야 하며 다양한 기술을 가진 사람들의 도움이 필요하다. 특히 수학, 통계학, 경제학, 컴퓨터과학, 공학, 행동과학 등 특정 분야에 대한 경영과학 전문가들이 의사 결정 과정에 포함되어 있어야 한다. 그리고 경영자는 이들을 활용하여 여러 가지 상황에 적절하게 대처할 수 있는 경험과 능력을 갖춘 사람이어야 한다. 많은 경제학자들이 내다보는 미래는 비슷하다. 4차 산업혁명 시대에는 경영과 과학이 융복합된 경영과학이 기업의 성공과 실패를 결정한다고 말이다.

생각
연습

※ 아래는 한국고용정보원에서 소개하고 있는 '인문 계열 융합 직업'의 예이다. 인문학적 지식을 바탕으로 다른 능력을 융복합한 직업을 말한다. 이를 참고해 다양한 분야의 융합 직업을 더 찾아보자.

국제의료 코디네이터는 **언어 능력과 의료 지식**을 갖추고 있어야 한다. 국내 병원에 오는 외국 환자 접수, 진료 시 통역, 약 처방전 또는 치료 과정을 설명하는 일을 한다. **테크니컬 라이터**는 **글쓰기와 공학 지식**을 융복합하는 능력이 필요하다. 기술 관련 설명서를 일반 사용자들이 쉽게 이해할 수 있도록 작성하고, 잡지 등에 기술을 설명하는 글을 싣기도 한다. 또한 **SNS 분석가**에게는 **인문학적 소양과 분석력**이 필수 능력이다. 사람들의 행동 패턴, 시장 상황 등을 예측하기 위해 특정한 대상이나 개념에 대한 사람들의 생각과 감정 등을 눈(카페, 커뮤니티, 트위터, 블로그 등)을 통해 분석하기 때문이다.

문예에서 유망한 단서를 찾다

116

3부

더불어 살아가는 사회를 위하여

아무도 읽을 수 없는 문자,
캡차는 읽는다

; 디지털 보안 기술로 문화유산을 복원하다

문화유산 복원은 시간과의 싸움

"이래서는 어림도 없겠어요."

2007년 미국 카네기멜론대학교 컴퓨터과학부 교수 루이스 폰 안(Luis von Ahn)은 벌써 며칠째 조교의 투정을 들어야만 했다. 조금만 더 힘을 내자고 격려했지만 너무 더딘 고문서 복원 속도는 조교를 지치게 만들었다. 고문서 복원 속도가 전자 기기의 발달 속도를 따라잡지 못하니 성과가 늘 제자리걸음일 수밖에 없었다.

"손상된 부분의 문자를 판별하는 작업이 시간을 가장 지체하게 만들어요. 정말 골칫거리예요."

이런 방식으로는 1년에 복원할 수 있는 고문서는 겨우 몇 권 밖에 되지 않을 터였다. 조교의 말을 들은 루이스 교수는 수심에 잠겼다. 그는 누구나 쉽게 IT 기술을 활용하여 다양한 지식을 습득할 수 있도록 프로그램이나 콘텐츠를 만드는 일에 사명감을 가지고 지식 보급 활동을 진행하고 있었다. 특히 1971년 미국의 마이클 하트(Michael Hart) 교수가 제안하고 시작한 '프로젝트 구텐베르크(Project Gutenberg)'에 열성적으로 참여했다. 프로젝트 구텐베르크란 인류의 자료를 모아서 전자 정보로 저장하고 무료로 배포하는 프로젝트다. 자세히 말하면 인류가 만든 소설 등의 문서를 텍스트나 이미지로 저장하여 인터넷에 올리

아무도 읽을 수 없는 문자,
캡차는 읽는다

면 누구나 무료로 내려받아 읽을 수 있게 하는 온라인 도서관을 만드는 사업이었다. 그리고 루이스 교수와 같은 수많은 자원봉사자들이 참여하여 인터넷과 전자 기기를 이용한 고문서의 전자화에 기여하고 있었다.

하지만 이 프로젝트를 실행하는 데에는 아주 큰 어려움이 있었다. 오래된 책들을 스캔하여 텍스트로 바꾸는 과정에서 책의 인쇄 상태가 좋지 않거나 얼룩이 있는 경우 컴퓨터가 문자를 인식하지 못했다. 컴퓨터가 인식할 수 없는 문자는 어쩔 수 없이 여러 사람의 검토를 거쳐서 문자를 추리해야만 완성할 수 있었고, 그 과정에서 너무 많은 시간이 걸렸다. 그는 연구팀원들과 이 문제를 해결하기 위해 오랫동안 회의를 거듭했지만 해결 방법을 쉽게 찾지 못했다. 이대로 간다면 아무리 전자 기기가 발달해도 콘텐츠가 발달 속도를 따라가지 못하는 반쪽짜리 프로젝트가 될 수도 있었다.

'캡차(CAPTCHA)'를 만들 때에도 루이스 교수와 연구팀은 많은 어려움을 겪었지만 포기하지 않고 협력해서 좋은 결과물을 낼 수 있었다. 그 덕에 사람들이 스팸 메일이나 계정 도용 등의 불안에서 벗어나게 되었다. 그러나 한편으로는 사람들이 아직 캡차의 가치를 잘 모르고 몇 초의 시간만 아까워한다는 사실이 안타까웠다.

캡차, 사람임을 증명하다

친구를 만나기 위해 연구실을 나와 학교 앞 카페에 온 루이스 교수는 여전히 고문서의 전자화에 대해 고심하고 있었다. 그때 한 대학생의 투덜거리는 소리가 들려왔다.

"아, 정말 귀찮게 하네. 인터넷 사이트에 가입하는데 이런 문자는 왜 입력해야 하는 거야!"

소리 나는 쪽을 흘끗 쳐다본 루이스 교수는 이내 웃음 지었다. 학생은 카페 한편에 마련된 노트북을 이용하여 어떤 인터넷 사이트에 가입하고 있었는데, 바로 루이스 교수의 연구팀이 만든 캡차의 시험에 걸려든 것이다. 루이스 교수는 학생에게 다가가 너무 투덜대지 말라며 캡차를 만든 이유를 알려 주었다.

흔히 인터넷 회원 가입 과정에서 사용하는 캡차는 컴퓨터가 '당신이 사람인지 아닌지'를 시험하는 문제를 내고 있는 것과 마찬가지이다. 더 정확히 말하면 문자를 입력하는 대상이 사람인지 혹은 프로그램인지 구분하는 기술이다. 인터넷이 발달하면서 이메일을 이용한 소통이 늘자, 언제나 그렇듯 나쁜 마음을 먹은 이들이 자신의 이익을 위해 봇(Bot)이라는 악성 프로그램을 만들어 냈다. 봇은 불과 2분 안에 수천 개의 이메일 계정을 만들어 손쉽게 스팸 메일을 보내고, 무작위로 비밀번호를 끊임없이 입력해서 진짜 비밀번호를 알아내기도 했다. 그러자 전 세계의 많은 사람들이 악성 스팸 메일과 비밀번호 해킹 때문에 많은 피해를 겪어 왔다. 하지만 캡차 시스템은 더 이상 이

아무도 읽을 수 없는 문자, 캡차는 읽는다

미래 살아가는 사람들 위하여

런 피해를 겪지 않도록 도와주는 유용한 프로그램이다.

그런데 컴퓨터는 어떻게 문자를 입력하는 것만으로 사람과 프로그램을 구별할 수 있을까? 입력해야 하는 문자를 잘 보면 뒤에 배경이 있거나, 글자의 중간에 선이 그어져 있거나, 비뚤게 표시되어 있다. 복잡한 요소들이 겹쳐 있으면 컴퓨터 프로그램은 방해 요소로 인식해 문자를 알아볼 수 없지만, 사람은 그 문자가 무엇인지 쉽게 알아보고 입력할 수 있다. 즉, 문자를 입력했다면 지금 계정을 만들고 있는 대상이 사람임을 증명할 수 있는 것이다. 단순하면서도 명쾌한 방법이다.

"단지 몇 초라도 인터넷 사이트에 회원으로 가입할 때마다 같은 과정을 반복해야 하고, 그 몇 초의 시간을 다 모으면 엄청 난 시간이 되잖아요."

끝까지 투덜거리며 일어나는 학생을 보며 루이스 교수는 무 언가가 자신의 머리를 강타하는 느낌을 받았다.

'몇 초의 시간을 다 모으면 엄청난 시간이 된다? 그래, 바로 그거야!'

몇 초의 시간으로 대규모 협업을 이끌어 내다

카페에서 만난 학생의 말에서 아이디어를 얻은 루이스 교수 는 시간이 문제라는 결론을 내렸다. 단, 시간이 장애물이 아니 라 그 반대였다. 시간은 수직적으로만 흘러가는 것이 아니라 수평적으로도 존재하기 때문이다. 주어진 문자를 캡차에 입력 하는 데 대략 10초 내외의 시간이 필요하다. 한 개인에게는 그 10초가 짧은 시간일 뿐이지만 캡차를 사용하는 전 세계 몇 억 명의 시간이 모이면 어마어마한 시간이다. 루이스 교수는 연구 팀에게 고문서 복원에 이 시간을 이용해 보자고 제안했다.

인터넷 사이트 가입이나 인증할 때 캡차에 사용되는 문자 옆 에 컴퓨터가 인식하지 못한 고문서의 문자를 이미지로 보여 준 다. 즉, 두 단어를 입력해야 한다. 그러면 많은 사람들이 무슨 문자인지 판단하고 입력할 것이다. 3~4명, 아니 10명 이상의

더 깊이 알아가는 사회를 위하여

아무도 읽을 수 없는 문자, 캡차는 읽는다

사람이 같은 문자를 입력했다면 그들의 판단이 옳은 것으로 여길 수 있다. 그런 문자들은 자동으로 의미를 확정한 뒤 고문서 작업에 반영한다. 바로 온라인상에서 대규모 협업을 통해 전 세계인들이 고문서 복원 작업에 동참하도록 하는 방식이다.

루이스 교수와 팀원들은 바로 프로그램 제작에 들어갔다. 이미 캡차가 개발된 상태였기 때문에 비슷한 원리로 작동되는 새로운 프로그램은 몇 가지 기능만 추가하면 되었다. 이렇게 탄생한 고문서 복원 프로그램은 캡차를 바탕으로 만들어졌으므로 '리캡차(ReCaptcha)'라는 이름이 붙었다. 고문서 복원 작업은 여러 가지 방해 요소로 인해 약 30퍼센트 이상이 전자화에 어

려움을 겪고 있었다. 과연 리캡차가 얼마나 진행 속도를 빠르게 진전시킬 수 있는지 궁금했다. 이들은 리캡차 프로그램이 완성되는 대로 소스(Source)를 배포하고 그 효용성을 알아보기로 했다.

얼마 후 연구팀은 놀라운 결과를 접했다. 리캡차로 입력한 단어가 하루에 1억 개가 넘고 있었다. 기존에 몇 사람이 직접 검토하며 확인하던 방식에서 리캡차로 전환하자 프로젝트 구텐베르크는 젤 수조차 없는 굉장한 속도로 진행되었다. 결국 인류의 협업이 문화유산을 지키고 발전시켜 나갈 수 있게 된 것이다.

루이스 교수는 리캡차 개발 경험을 바탕으로 인류가 온라인에서 대규모로 협업한다면 막대한 성과물을 얻을 수 있다고 확신하고 한 가지 프로젝트를 진행했다. 2011년 사용자들이 무료

126

아무도 읽을 수 없는 문자, 캡차는 읽는다

로 언어를 배우는 동시에 크라우드 소싱(Crowd Sourcing, 대중의 참여로 해결책을 얻는 방법) 방식으로 언어를 번역할 수 있는 교육용 어플리케이션 플랫폼 듀오링고를 개발하여 언어 교육의 혁신을 일으키기도 하였다.

지금도 여전히 과학기술로 인류의 삶을 윤택하게 만들고자 노력하고 있는 루이스 교수는 테드(TED) 강연에서 다음과 같이 자신의 신념을 밝혔다.

"피라미드 건설, 파나마 운하, 달 착륙. 생각해 보면 인류의 거창한 업적들은 한 사람이 아니라 모두가 협력해서 한 일이죠. 저는 인류의 힘을 믿고 더 많은 것을 개발하기 위해 끊임없이 노력할 것입니다."

※ 다음 글을 읽고, 디지털 자료를 복원하는 작업과 고고학의 연구 방법이 어떤 점에서 서로 통하는지 생각해 보자.

토기와 같은 그릇, 고인돌과 같은 무덤, 무기, 장식품, 집터 등에는 인류가 남긴 흔적이 고스란히 담겨 있다. 고고학자들은 사람이 먹고 버린 짐승의 뼈, 사람이 기르거나 채집한 곡물과 열매까지도 발굴하여 연구한다. 이처럼 고고학은 옛 조상들이 남긴 유물과 유적을 연구하여 과거의 생활 모습과 문화를 밝혀낸다. 덕분에 우리는 문자로 기록이 남아 있지 않은 시대의 역사적 사실도 알 수 있다.

그런데 오늘날 만들어지는 자료들 중에는 단 한 번도 종이로 출력되지 않고, 오직 디지털 형태로만 저장·유통되는 자료들이 많다. 스마트폰 카메라로 찍은 사진, 하드 디스크에 담긴 문서 파일들을 떠올려 보자. 인화하거나 출력하지 않아도 눈만으로 얼마든지 보고 읽을 수 있다. 만일 IT 업체들이 모두 사라져 버리게 된다면 수백 년, 수천 년의 시간이 흐른 뒤 미래의 고고학자들은 디지털 자료들을 어떻게 복원할 수 있을까?

눈에 보이지 않는 것도 나눌 수 있을까?

: 셰어링으로 복지를 구현하다

쓸데없는 낭비를 줄이기 위해 가진 것을 나누다

"이제 어엿한 직장인이 됐으니 나도 차를 구입해 볼까?"

많은 사람들이 자신이 꿈꾸던 직장에 입사한 후에는 과감하게 자동차를 사곤 한다. 차를 산 후 얼마간은 기분이 좋게 마련이다. 그러나 차가 있어도 출퇴근용으로만 사용하는 경우가 많고, 시간이 지날수록 세금, 보험료, 정비와 같은 유지 비용 때문에 차를 다시 팔아야 하나 고민에 빠진다.

사람들은 자연스럽게 필요할 때만 차를 이용하고, 이용한 만큼만 돈을 내면 좋겠다고 생각하게 되었다. 그런 고민들을 해결하기 위해 급속도로 발달한 분야가 바로 '셰어링(Sharing)'이

다. 셰어링은 원래 분할, 공유라는 뜻을 가지고 있지만, 경제적으로는 '어떤 물건이나 서비스를 공유하는 실용적인 소비 생활 서비스'를 의미한다. 물품 대여 서비스와 SNS 소통이 합쳐진 가장 영리한 융복합 서비스라고 할 수 있다.

현재 셰어링이 가장 활발하게 이루어지고 있는 분야는 바로 '카셰어링(Car Sharing)'과 '물품 셰어링'이다. 카셰어링은 자동차를 사는 건 부담스럽고, 필요할 때만 잠깐씩 이용하고 싶은 사람들을 위한 서비스이다. 카셰어링의 가장 큰 특징은 일상생활에서 한 대의 차량을 여러 사람이 공유하고, 사용한 만큼만 요금을 지불함으로써 합리적인 소비 생활을 바라는 사람들의 욕구를 만족시켜 주는 제도라는 것이다. 최근에는 자동차뿐만 아

더불어 살아가는 사회를 위하여

눈에 보이지 않는 것도
나눌 수 있을까?

니라 스쿠터나 자전거까지 공유하는 서비스가 늘고 있다.

합리적인 소비를 위해 활발하게 성장하고 있는 또 다른 셰어링 분야가 '제품 셰어링'이다. 필요한 제품을 서비스 업체를 통해 대여해 일정 기간 사용한 후 반납하는 방식이다. 특정 기간만 사용하고 나면 쓸모없어지는 육아 용품이나, 어떤 제품이 급하게 필요할 때 이용하면 좋은 서비스이다. 기존에도 정수기나 안마의자 등을 대여하는 렌탈 서비스가 있었다. 렌탈 서비스가 대여보다는 장기 할부에 가까운 개념이라면, 제품 셰어링은 정말 필요한 기간에만 일정 요금을 지불하고 이용한다는 점에서 진정한 공유를 지원하는 서비스라고 할 수 있다.

이와 비슷한 방식으로 사용량이 많진 않지만 버리거나 팔기엔 아까운 물건들을 기존의 중고 거래 방식이 아닌 SNS를 통해 대여해 주는 '중고 물품 셰어링'도 있다. 또 낮에는 열지 않고 밤에만 사용하는 점포나 매장 등을 공유하여 낮에는 공부방, 밤에는 술집으로 활용하는 '스토어 셰어링(Store Sharing)' 같은 다양한 셰어링 서비스가 급증하고 있다.

눈에 보이지 않는 가치를 나누다

공유의 시대로 접어들면서 셰어링 서비스를 통해 경제적 이익을 얻는 데서 나아가 사회 문제 해결을 위한 노력과 접목시키려는 움직임이 나타났다. 경제적 욕구뿐만 아니라 정서적 욕구

도 셰어링 서비스를 통해 나눌 수 있다고 생각하게 된 것이다.

대표적인 예가 서울의 노원구, 성북구 등 여러 자치구에서
시행하고 있는 '룸셰어링(Room Sharing)' 제도이다. 일반적인 셰어
하우스(Share House)는 주거 공간만 공유하지만, 룸셰어링은 주거
공간뿐만 아니라 서로의 '다른 욕구'를 공유한다는 점에서 차
이가 있다. 경제적 능력이 부족한 대학생들은 저렴한 집을 원
하지만 쉽지 않다. 반면 집은 있지만 가족이 없어 혼자 사는 노
인들은 함께 생활할 사람이나 말벗이 필요하다. 고령화 시대
가 되면서 독거노인과 고독사 문제가 심각한 사회 문제로 떠오
르자 서울의 각 자치구에서 노인 문제와 경제적 어려움을 겪는

더불어 살아가는 사회를 위하여

눈에 보이지 않는 것도
나눌 수 있을까?

청년 문제, 즉 사회복지 문제를 셰어링 서비스와의 융복합으로 해결하고자 시도한 사업이다.

1, 2학년 때 기숙사 생활을 했던 대학생 동찬은 3학년이 되면서 기숙사 추첨에서 탈락해 학교 근처 원룸에서 한 학기를 살았다. 하지만 생각보다 터무니없이 비싼 월세를 아르바이트만으로 감당할 수 없어 막막했다. 그러던 어느 날 동찬은 학과 사무실 게시판에 붙은 '어르신-대학생 주거공유(룸셰어링) 신청 안내' 전단을 발견한다. 주변 임대료 시세보다 저렴하면서도 쾌적한 방을 제공한다는 내용이 보이자 솔깃했다. 룸셰어링 제도는 어르신과 말벗 되기, 문단속하기, 소소한 가사일 하기, 전자 기기 작동 요령 알려드리기 정도만 하면 방도 저렴하게 구하고 봉사 활동 시간까지 인정해 주는 제도였다. 하지만 경제적인 문제가 시급해도 낯선 어른과 함께 살아야 한다면 불편하지 않을까 하는 고민에 빠졌다. 동찬은 룸셰어링을 이용했던 후배에게 조언을 구하기로 했다.

"저는 오히려 집에서 다니는 듯한 편안함이 느껴져서 더 좋았어요. 같이 생활하다 보니 서로 정도 들었고요. 어느 날 할머니가 제 손을 꼭 잡으며 외롭지 않게 해 줘서 고맙다고 말씀하시는데 저도 행복하더라고요."

전기·수도·난방 아끼기, 식사 후 설거지, 청소하기, 늦게 귀가할 때 전화 드리기처럼 동거인 사이에 예의를 지키고 배려한다면 별로 불편하지 않다는 말도 했다. 후배의 말을 듣고 룸셰어링을 하기로 결심한 동찬은 좋은 어른을 만나 집 문제도 해결하고 의미 있는 생활을 할 수 있었다.

셰어링에 복지 정책을 더한다는 융복합적인 생각이 나눔을 통해 사람들의 욕구를 해결할 수 있도록 도와주었고, 더 나아가 사회 문제까지도 해결할 수 있는 가치를 만든 좋은 예다.

가치를 연결해 새로 만드는 가치

'노인과 청년의 동거'라는 이 새로운 조합은 사실 우리나라에만 있는 것은 아니다. 브라질의 영어 교육 기관인 CNA에서는 수만 명의 청년들이 영어를 배우고 싶어도 경제적 어려움 때문에 힘들어하는 것을 안타깝게 여겼다. 그래서 그들을 위해 획기적인 프로젝트를 개발하기로 했다. 처음 그들의 고민은 "영어 교육에서 가장 중요한 것은 영어 선생님이 아니라 정기적으로 영어 대화를 나눌 수 있는 사람이야. 우리 학생들과 마음껏 대화해 줄 수 있는 사람은 없을까?"에서 시작되었다.

하지만 오랜 시간 동안 정기적으로, 게다가 거의 무보수로 학생들과 대화를 나눌 사람을 찾기란 쉽지 않았다. 특히 브라질에서 영어를 잘하는 사람들은 대부분 엘리트였기 때문에 보수가 비쌀 수밖에 없었다. 고민만 이어지던 어느 날 한 사람이 아이디어를 냈다. 바로 미국 양로원에 있는 노인들과 브라질 학생들을 연결해서 대화를 나누게 만들자는 생각이었다. 양로원에서 지내는 미국 노인들은 영어를 자유롭게 쓸 수 있지만

남들이 알아가는 사람들 향하여

눈에 보이지 않는 것도
나눌 수 있을까?

대화를 나눌 사람이 없어 외롭지 않겠느냐는 생각에서 비롯된
아이디어였다.

　아이디어를 얻은 CNA는 곧바로 'CNA Speaking Exchange'라
는 프로젝트를 추진했다. 영어 교육을 원하는 브라질 청년들과
대화를 원하는 미국 노인들을 인터넷 화상 채팅으로 연결해 주
는 일종의 소셜 네트워크였다. 인터넷 홈페이지에서 학생이 실
시간 화상 채팅이 가능한 노인을 선택하면 특정 주제나 일상적
인 삶에 대해서도 마음껏 이야기 나눌 수 있었다.

　CNA는 Speaking Exchange 프로젝트에서 'Speaking(말하기)'은
학생에게는 '배움', 노인에게는 '치료'를 의미하며, 'Exchange(교
환)'는 '배움과 치료가 서로 교환'되는 의미라고 설명한다. 많은

사람들의 참여로 대성공을 이룬 이 프로젝트는 학생들에게는 저렴한 비용으로 영어 학습이 가능하도록 도와주었다. 또 경제 활동을 하지 않는 노인들에게는 경제 활동의 기회를 주었고, 대화를 통해 외로움을 줄이고 사회적 소속감을 느끼게 해 주는 긍정적인 효과를 가져왔다.

　미국 하버드대학교의 마이클 포터(Michael Porter) 교수는 이 프로젝트에 대해 공유가치 창출(Creating Shared Value, CSV), 즉 필요한 것들을 연결시켜 새로운 가치를 창출해 내는 시도라며 극찬했다. 전에 없던 새로운 것을 만들어 내는 것만이 창조가 아니다. 그는 이미 존재하는 가치와 또 다른 가치를 연결하는 것도 새로운 창조가 된다고 말한다. 이런 점에서 경제적 가치와 공동체의 정신적 가치를 융복합하려는 시도는 앞으로 더욱 활성화되어야 한다. 미래 사회에 반드시 필요한 나눔과 배려, 그리고 복지는 융복합적 시도를 통해서 자연스럽게 이루어질 수 있기 때문이다.

더불어 살아가는 사회를 위하여

눈에 보이지 않는 것도
나눌 수 있을까?

이 세상에 나눔과 공유가 더 많이 퍼져 나갈수록
행복한 사람들이 훨씬 많아지지 않을까?

※ 다음 글을 읽고, 다양한 '인클루시브 디자인'의
사례를 찾아보자. 만약 여러분이라면 사회적 약자를
위해 어떤 '인클루시브 디자인' 제품을 만들지 생각
해 보자.

인클루시브 디자인(Inclusive Design)은 성별, 나이, 국적, 장애 등과 상관
없이 누구나 편리하게 사용할 수 있는 디자인을 말한다. 특히 장애인, 노인과
같은 사회적 약자를 배려하는 디자인이기도 하다. 예를 들어 허리를 굽히지 않
아도 빨래를 넣고 뺄 수 있는 드럼 세탁기, 3D 프린터로 단 2일 만에 더 저렴
하게 만들 수 있는 의수, 의족 등이 있다.

블록 장난감이 시각장애인의 눈이 되어 주다

; 레고 블록으로 점자 프린터를 만들다

시각장애인에게는 비싸도 너무 비싼

2013년, 미국 캘리포니아에 살던 13살 소년 슈브함 바네르제 (Shubham Banerjee)는 여느 날과 다름없이 컴퓨터를 켜고 이메일을 열었다. 특별할 것 없는 메일들 가운데 눈에 띄는 제목이 있었다. 시각장애인을 위한 기부금을 모집한다는 광고 메일이었다. 다른 사람이라면 대수롭지 않게 넘겼겠지만, 슈브함은 메일을 본 후 넉넉지 못한 용돈에도 기부금을 보내려 했다. 그리고 시각장애인들을 위해 편지를 쓰던 슈브함은 문득 깨달았다.

'아차, 내가 그들에게 편지를 보내도 시각장애인은 앞을 볼 수 없으니 내 편지를 읽을 수가 없겠지? 시각장애인들이 내 편

지를 쉽게 읽을 수 있는 장치가 있다면 좋을 텐데.'

뜻밖의 호기심에 조사를 시작한 슈브함은 시각장애인이 점자를 통해 글을 읽는다는 사실을 알게 되었다. 또한 시각장애인은 전 세계에 약 2억 8,500만 명이 있으며, 그들 대부분이 빈곤한 나라에 살고 있다는 사실도 알 수 있었다. 슈브함은 편지를 점자로 프린트해서 보내기로 마음먹고, 이 기회에 점자 프린트를 사 달라고 아버지를 졸라 볼 생각이었다. 하지만 인터넷에서 점자 프린트의 가격을 검색해 본 슈브함은 깜짝 놀랐다. 제일 싼 점자 프린터가 2,000달러(약 230만 원), 비싼 것은 1만 달러(약 1,100만 원)나 되었기 때문이었다. 슈브함은 시각장애인 대부분이 경제적 형편이 어려울 텐데 점자 프린터의 가격이 이렇게 비싸다면 아무 소용없을 것 같다고 생각했다. 더군다나 너무 크고 무거워서 일반 프린터처럼 책상 위에 올려놓고 쓰기도 힘들어 보였다. 슈브함은 점자 프린터의 원리에 대해 조사해 보았다.

'결과적으로는 종이에 점을 찍어 내는 게 점자 프린터 기술의 핵심인데 이렇게 비쌀 필요가 있을까? 시각장애인을 돕기 위한 기계를 가격 때문에 사용할 수 없다는 건 말도 안 되는 일이야. 좋은 해결 방법이 없을까?'

어린 소년의 단순한 호기심은 문제 해결을 위한 노력으로 이어졌다. 자신이 직접 시각장애인을 위한 점자 프린터를 만들어 보기로 결심했지만 시작부터 어려움에 부딪혔다. 시각장애인이 점자 프린터를 저렴하면서도 편리하게 이용하려면 가격, 부

볼록 장난감이
시각장애인의 눈이 되어 주다

피, 무게 모두 줄여야 했다. 하지만 당시 제품들 중에는 참고할 만한 모델이 없어서 막막했다. 그리고 무엇보다 복잡한 기계를 저렴한 가격에 생산할 수 있는 방법을 찾기 힘들었다.

슈브함의 고민은 며칠 동안 이어졌다. 재료비를 줄이고 간단한 프로그램으로 점자를 인쇄할 수 있는 방법을 연구했다. 다양한 재료와 프로그램을 조합해 보았지만 좀처럼 해결 방안이 떠오르지 않았다. 좋은 방법이 있었다면 기존 프린터들이 그렇게 비싸진 않았을 터였다.

깊은 고민에 빠져 있다 문득 주위를 둘러보니 방에는 온통 자신이 연구하던 물건들로 가득했다. 잠시 고민을 잊고 널브러진 물건들을 치우던 슈브함의 눈에 어렸을 때부터 가지고 놀던 블록 장난감 레고가 들어왔다. 상상하는 모든 걸 만들어 낼 수 있는 레고를 보자 갑자기 한 가지 아이디어가 스쳤다. 바로 레고의 모듈로봇 조립 세트인 '마인드 스톰 EV3'을 이용하는 방법이었다. 이 마인드 스톰과 일반 프린터를 적절하게 결합한다면 잉크를 종이에 찍듯이 점자를 만드는 양각을 인쇄할 수 있다. 또 레고는 가볍고 조립도 간단하므로 비용과 무게를 혁신적으로 줄일 수 있는 가능성도 충분했다.

점자 프린터 제작의 힌트를 얻은 슈브함은 곧바로 레고를 이용한 프린터 제작에 몰입했다. 그리고 매일 밤마다 조립과 분해를 거듭했다. 이전의 레고가 모터와 톱니바퀴만으로 조립품을 움직이게 했다면, 마인드 스톰은 자신이 조립한 레고 로봇을 원하는 대로 움직일 수 있게 컴퓨터 프로그래밍할 수 있었

다. 슈브함은 마인드 스톰의 코딩(Coding) 기술을 활용해 원하는
위치에 점자를 양각할 수 있도록 프로그래밍하였고, 일반 프린
터를 개량하여 점자용 양각을 출력하는 장치를 만들었다. 두
기기를 하나로 합치는 일은 쉽지 않았고 모양도 어설퍼 보였
다. 그러나 끊임없이 연구하고 시도한 끝에 슈브함은 결국 레
고를 이용한 점자 프린터를 완성할 수 있었다. 당시 슈브함의
나이는 불과 13살이었고, 이 점자 프린터를 완성하는 데 든 비
용은 350달러(약 40만 원)에 불과했다.

끝없이 앞서가는 사람들 이야기

블록 장난감이
시각장애인의 눈이 되어 주다

아이들의 장난감이 시각장애인을 돕는 첨단 기계로

슈브함은 이 발명품을 점자를 뜻하는 브레일(Braille)과 레고 (Lego)를 합쳐 '브레이고(Braigo)'라고 부르기로 했다. 슈브함은 아버지에게 자신이 발명한 점자 프린터를 자랑스럽게 보여 주었다. 슈브함의 아버지 닐로이 바네르제는 세계 최대 반도체 업체인 인텔에서 근무하는 엔지니어였다. 아버지는 아들의 발명품을 이리저리 살펴보았다. 블록 조립 세트로 만든 것치고는 꽤나 정교한 기계였다.

슈브함은 즉석에서 점자를 인쇄해 보여 주었다. 아버지는 크게 놀랐다. 아직은 폭이 좁은 종이에만 인쇄할 수 있는 단점이 있었지만 기본적인 성능은 갖추고 있었고, 비록 지금은 어설프지만 발전 가능성이 충분하다고 직감했다. 아버지는 자신의 기계가 쓸 만한지 묻는 슈브함에게 점자 프린터의 혁신을 이룰 가능성이 보인다며 칭찬을 아끼지 않았다. 또 원한다면 브레이고를 제품으로 생산할 수 있도록 창업해도 괜찮을 것 같다는 의견까지 제시했다.

자신이 만든 기계로 많은 시각장애인들이 편안한 삶을 누리도록 도와주고 싶었던 슈브함은 아버지의 말에 흥분했다. 아버지는 슈브함에게 폭이 넓은 종이로도 인쇄가 가능하도록 개선하고, 작은 크기를 장점으로 살려 휴대용도 만들어 보라고 제안했다. 브레이고의 가능성을 엿본 아버지는 연구비로 3만 5,000달러(약 4,000만 원)를 지원해 주었고, 슈브함은 아버지의 도움으로 초기 버전을 개선한 브레이고 2.0을 만들 수 있었다. 그리고 2014년에는 부모님의 도움으로 브레이고 랩스(Braigo Labs)라는 회사를 세웠다.

기술이 가격을 극복하고 혁신이 되다

브레이고 랩스를 창업한 후 아버지는 자신이 근무하는 인텔의 벤처 투자 담당 직원들에게 브레이고를 보여 주었고, 인텔의 벤처팀은 슈브함이 직접 제품을 발표해 달라고 요청했다.

얼마 후 무대에 서서 자신감 넘치는 표정으로 자신의 제품을 설명하는 슈브함을 본 인텔의 투자자들은 입을 다물지 못했다.

"정말 대단한 아드님을 두셨군요. 아마도 슈브함 바네르제 군은 실리콘밸리에서도 최연소 창업자라는 기록을 세우게 될 것입니다. 페이스북을 창시한 마크 주커버그도 10대 창업자로 명성이 높지만 19살에야 창업하게 되었는데, 13살 나이에 이런 발명을 한 창업자는 찾기 힘들어요."

발표를 들은 투자자들은 기존의 점자 프린터보다 크기가 훨씬 작고 가벼우면서도 비용이 적게 드는 브레이고의 시장 가능성을 높게 평가했다. 무엇보다 이러한 발명품을 13살 소년이 만들었다는 사실에 더욱 열광했다. 또 투자자들이 보기에 브레이고는 소외된 사람들을 돕는다는 의미까지 가지고 있었다. 그래서 기업이 사회에 도덕적 의무를 지키는 역할도 겸할 수 있

볼록 장난감이
시각장애인의 눈이 되어 주다

도움을 요청하는 손을 잡은 따뜻한 마음과
발명에 대한 호기심, 도전 정신이 합쳐지면
엄청난 결실을 맺을 수 있다.

다며 높은 점수를 주었다. 게다가 평범한 장난감으로부터 시작된 아이디어가 기존 제품과의 융복합을 통해 커다란 가치를 새로 만들었다는 점을 칭찬했다. 이 제품이 사회 전반에 융복합적 사고의 중요성을 전파할 수 있는 힘을 가졌다고 판단한 것이다. 이들은 앞서 말한 여러 이유를 근거로 거액의 투자를 결정했다.

　작지만 뜻깊은 연구는 한 소년의 호기심에서 시작되었다. 그리고 가능성을 놓치지 않은 아버지의 믿음과 지원에 힘입어 인텔로부터 수십만 달러를 지원받는 회사로 발돋움하게 되었다. 이후 슈브함의 브레이고는 융복합적 사고가 실현된 대표적인 제품이 되어 실리콘밸리의 상징처럼 자리 잡았다.

블록 장난감이
시각장애인의 눈이 되어 주다

슈브함은 한 인터뷰를 통해 자신의 포부를 이렇게 밝혔다.

"저는 정식으로 회사를 만들고 투자를 받기 시작하면서 브레이고 2.0을 한층 더 업그레이드하고 있습니다. 새로 개발 중인 브레이고는 휴대가 가능할 정도로 가볍고, 와이파이와 블루투스를 활용해 웹페이지에 있는 문서를 자동으로 번역하여 인쇄가 가능하도록 개발하고 있습니다. 하지만 저의 꿈은 시각장애인들이 태블릿 PC나 노트북 화면에 나타난 텍스트를 직접 읽을 수 있도록 점자화하면서도 더욱 경제적인 기술을 개발하는 것입니다. 왜냐하면 인간의 삶을 돕기 위한 기술이 가격 때문에 짐이 되어서는 안 된다고 생각하기 때문입니다."

※ 여러분이 어릴 때 가지고 놀았던 장난감이 다른 무엇과 융복합하면 큰 힘을 발휘할 수 있을지 생각해 보자.

수사관이 못 잡는 살인 용의자를 파리가 잡는다

: 과학 수사에 곤충을 활용하다

곤충학자가 수사에 나서다

미국 드라마 CSI 과학수사대 시리즈를 좋아하는 시청자라면 누구나 아는 길 그리섬 반장. 그는 수사대에 소속되어 있지만 형사보다는 곤충학자에 더 가깝다. 곤충을 연구함으로써 범죄에 숨겨진 진실을 찾아내기 때문이다. 그런 점에서 그가 열중하는 곤충 연구는 『파브르 곤충기』에서 보는 것 같은 순수한 곤충학은 아니다. 길 반장은 〈CSI 라스베가스〉에서 이렇게 말한다.

"피해자 사체에서 나온 파리 유충을 분석해 보았더니 말라티온이라는 살충제 성분이 나왔습니다. 이 살충제는 번데기가 나

149

타나는 시기와 산란을 최대 나흘까지 지연시켜 주므로, 피해자가 살해된 날짜는 11월 1일이 아니라 4일입니다."

길 반장은 사체에서 발견된 곤충의 종류와 발육 상태를 조사해 사망 시간과 원인, 살해 장소를 추정하는 학문, 이른바 '법곤충학(Forensic Entomology)' 전문가라고 할 수 있다.

수사에 곤충을 활용하는 방법이 최근에 시작된 것은 아니다. 1247년 중국 송나라 때 송자(宋慈)가 쓴 세계 최초의 법의학 전문 서적 『세원집록(洗冤集錄)』에는 실제 일어났던 사건이 실려 있는데, 곤충이 수사에 활용된 가장 믿을 만한 옛 기록이 아닐까 싶다.

어느 한적한 시골 마을에서 살인 사건이 일어났다. 한 남성이 대낮에 낫으로 잔인하게 난도질을 당해 숨졌다. 살인 현장에는 어떤 단서도 남아 있지 않았고, 숨진 남성의 주변을 탐문해 보았으나 의심을 살 만한 용의자도 찾지 못했다. 사건을 맡은 당시 수사관은 시신에 치명상을 입힌 살인 도구를 낫이라고 판단하고, 마을의 낫을 모두 모으도록 지시했다. 반나절도 안 되어 수백 자루의 낫이 한곳에 모였다. 그 낫들을 유심히 살펴보았지만 혈흔이라고는 보이지 않았다.

수사가 미궁에 빠진다 싶을 때 한 자루의 낫에 수사관의 시선이 집중됐다. 유독 그 낫에만 파리들이 날아들고 있었다. 범행에 사용되었던 그 낫은 주인이 깨끗하게 핏자국을 지웠다. 하지만 파리가 맡을 수 있는 아주 약한 피 냄새만큼은 주인이 미처 알지 못했다. 범인은 영락없이 그 낫의 주인이었다. 알고

수사관이 못 잡는 살인 용의자를
파리가 잡는다

다음 알아가는 사실들 하하하

보니 살해된 남성에게 돈을 빌렸는데 빚 독촉에 시달리다 못해 살해했던 것이다.

만약에 파리가 없었더라면, 수사관이 낮에 날아든 파리에 관심을 갖지 않았다면 어땠을까? 아마 영원히 범인을 잡지 못했을 수도 있다. 옛 수사관은 단순히 범행에 사용되었던 도구에 곤충이 몰려드는 현상을 관찰한 것만으로도 범인을 찾았다.

언제나 가장 먼저 도착하는 파리

현대에 와서는 곤충학이 과학 수사에 더욱 정교하게 활용되고 있다. 특히 사체로부터 법의학적으로 의미 있는 정보를 얻는 데 곤충학 지식이 큰 역할을 한다. 무엇보다 다음 사건에서 보듯이 정확한 사망 시점은 사건 해결에 결정적인 단서가 되는데, 이런 경우에도 곤충학 지식에 기댈 때가 많다.

1990년 1월, 미국 테네시주 야산에서 15살 정도의 여성 사체가 발견됐다. 그러나 사체가 완전히 부패된 상태여서 죽은 시기를 정확히 알기 힘들었다. 당시 법곤충학자는 살점이 하나도 없는 두개골에 쌍말벌이 지어 놓은 벌집에 주목했다. 쌍말벌은 대부분 4월 초순쯤 깨끗하고 건조한 장소에 집을 짓는다. 따라서 쌍말벌이 두개골에 집을 지었던 4월에 이미 두개골은 깨끗이 비워져 있는 상태였을 것이라는 추측이 가능하다.

또 두개골에 남아 있는 애기똥파리 번데기를 발견하고 쌍말벌이 집을 짓기 전 살점을 모두 파먹은 것은 애기똥파리 구더기였다는 사실을 알아낸다. 그런데 쌍말벌이 집을 짓기 시작한 4월 이전은 겨울이어서 애기똥파리가 활동하지 않는 시기이다. 결국 두개골의 살점이 모두 사라진 건 지난해 여름이라는 추측이 가능하다. 이와 같은 추리를 거쳐 곤충학자는 피해자가 18개월 전에 죽었다는 결론을 내린다. 즉, 쌍말벌은 1989년 4월에 집을 지었고, 애기똥파리가 7월에 알을 낳으므로 사체는 1988년 7월에 생긴 것이다. 이와 같이 사체에서 발견한 곤충을 분석해 사망 시간을 추정하는 과정은 과학 수사의 표본이라고 할 만하다.

사람이 죽으면 곤충들이 사체로 모여든다. 사체가 부패되면

수사관이 못 잡는 살인 용의자를
파리가 잡는다

서 내뿜은 가스 냄새를 맡기 때문이다. 심지어 사람이 심장 박동을 멈추기 전인데도 희미한 가스 냄새를 맡고 미리 날아들기도 한다. 이때 맨 처음 나타나는 곤충이 바로 파리(정확히는 검정파리)이다. 파리는 사체에 도착하여 약 2주 동안 머문다. 따라서 사체에 파리가 있다면 죽은 지 2주 이내라는 뜻이 된다. 또 파리는 사체에 알을 낳기 때문에 성장 상태에 따라 사망 시간을 추정할 수도 있다. 파리의 알은 구더기가 되고, 구더기는 세 번의 탈피 과정을 거치며 몸길이가 점점 자란다. 구더기의 크기로 성장 단계를 추리하면 사망 시간을 좀 더 촘촘하게 계산할 수 있다. 이처럼 법곤충학자는 사체에 있는 구더기의 크기만 보아도 단박에 사망 시점을 알아차릴 수 있다.

언제 죽었는지 알려 주는 것도 곤충

파리 다음으로 사체에 도착하는 곤충은 딱정벌레이다. 딱정벌레는 파리의 알과 구더기를 먹기 위해 몰려든다. 그다음에는 개미나 말벌 같은 곤충이 달려들고 맨 나중에는 나방이나 진드기 등이 나타난다.

1850년 무렵 프랑스의 한 임대주택가에서 실제로 일어난 일이다. 낡은 집을 수리하던 일꾼들이 벽을 허물다가 벽 사이에서 사체 한 구를 발견하고 깜짝 놀랐다. 사체는 인형처럼 보일 정도로 체구가 작았으나 명백히 갓난아기였다. 신고를 받고 달려온 검시관이 사체를 검사한 결과, 놀랍게도 사산아가 아니라 살아 있었던 아이라고 결론 내렸다. 이제 문제는 누가 아이를 살해했는가에 집중됐다. 다행히 용의자의 범위는 넓지 않았다. 그 집은 3년 동안 세입자가 세 번 바뀐 것으로 파악되었다. 사망 시점만 알면 세입자 중 사망 시점에 살고 있던 사람이 범인일 확률이 높았다.

경찰은 당시 시립병원의 베르주레 박사에게 사망 시점을 밝혀 달라고 부탁했다. 그는 사체에 머물던 나방과 번데기 등을 면밀히 검사해서 1848년 여름에 아이가 살해 후 유기됐다는 사실을 밝힌다. 바로 2년 전에 세입자로 머물던 젊은 여성이 강력한 용의자로 지목되었고, 범행 일체를 자백받았다. 베르주레 박사는 아무런 물증이 없는 상황에서 사체에 살던 곤충의 습성을 통해 사망 시점을 추리해 냈다.

수사관이 못 잡는 살인 용의자를
파리가 잡는다

곤충에게도 터줏대감이 있다

한편 법곤충학자들은 사망 시점뿐 아니라 사체가 발견된 현장에서 살해되었는지, 아니면 살해 후에 옮겨졌는지도 밝혀낼 수 있다고 한다. 지역에 따라 서식하는 곤충의 분포가 다르기 때문에 가능한 일이다. 예를 들어 A지역에서 발견된 사체에서 B지역에서나 볼 수 있는 곤충이 우글거리고 있다면, 그것은 B지역에서 살해된 후 상당 시간이 지난 후에 A지역으로 옮겨졌다는 증거가 될 수 있다.

또 특정 지역에만 사는 곤충 덕택에 범인을 쉽게 잡은 사건도 있었다. 한여름 미국 캘리포니아의 어느 한적한 시골, 숲속

에서 20대 여성 사체가 발견됐다. 옷으로 목이 졸려 있었고 성폭행을 당한 흔적도 있었지만 범죄에 사용됐을 법한 도구나 단서는 전혀 발견되지 않았다. 숲속이라는 공간의 한계 때문에 범인의 지문을 채취하는 것도 불가능했다. 결국 이 사건은 미제 사건으로 끝나는 듯했다.

그런데 뜻밖의 일이 벌어졌다. 현장에 출동했던 수사관들의 몸에서 수많은 반점이 발견되었고, 일제히 가려움을 호소했다. 법곤충학자가 현장에 파견됐고, 반점은 진드기의 유충에 물린 자국으로 밝혀졌다. 그리고 같은 범죄를 저질렀던 전과자들을 조사하던 중에 한 남성의 몸에서 수사관들에게서 발견된 반점과 유사한 반점이 발견됐다. 반점의 모양뿐 아니라 물린 부위도 비슷했다. 조사해 보니 이 유충은 현장 풀숲의 아주 좁은 지역에서만 살아가는 희귀종이었다. 결국 유충에 물린 자국이 용의자가 현장에 있었다는 사실을 증명하는 결정적인 단서가 되었다.

곤충은 수사의 길라잡이

사체의 사망 시점을 알아내기 위해 항상 법곤충학을 활용하지는 않는다. 사체가 가지고 있는 신체 정보가 더 확실한 단서가 될 때가 훨씬 많기 때문이다. 사망한 뒤 생기는 몸의 변화, 이를 테면 체온 변화, 눈 속 혈액 침착 여부, 피부에 생기는 반

더 깊이 알아가는 사람을 위하여

수사관이 못 잡는 살인 용의자를
파리가 잡는다

점 등이 그것이다. 그런데 아무리 과학 수사에 능통한 검시관이라도 더 이상 수사를 진행하기 어려운 시점이 있는데 바로 사체가 부패하기 시작하면서부터이다. 사체가 가져다주는 다양한 정보가 사라지거나, 혹시 있더라도 법의학적으로 큰 의미가 없어진다.

이럴 때 바로 곤충이 사체의 실마리를 푸는 유일한 단서가 된다. 검시관이나 수사관이 미처 캐내지 못한 진실에 다가갈 수 있도록 곤충이 길라잡이 역할을 한다. "벌레만도 못한 놈", "벌레 보듯 한다"와 같이 우리말 표현을 보면 '벌레(곤충)'는 매우 하찮은 존재로 취급받곤 한다. 하지만 법의학에서 벌레는 절대로 하찮은 존재가 아니다.

생각
연습

※ 최근 들어 다양한 곤충 음식이 개발되고, '동애등애'라는 곤충으로 음식물 쓰레기를 처리하는 기술이 등장했다. 미래 사회에서는 사람을 위해 어떻게 곤충을 활용할 수 있을지 방법을 생각해 보자.

더불어 살아가는 사람들 하야며

Story 14

디자인으로
아이들의 생명을 지킨다
: 트릭아트로 교통사고를 예방하다

안전의 사각지대, 어린이 보호구역

"어린이 보호구역입니다. 속도를 줄이세요."

학교 근처 300미터 반경에 차량이 진입하면 내비게이션에서 어린이 보호구역(스쿨존, School Zone)을 알리는 경고 음성이 흘러 나온다. 하지만 많은 운전자들이 경고를 무시하고 빠른 속도로 달리다가 종종 교통사고가 발생한다. 아이들은 언제라도 도로에 갑자기 뛰어나올 위험이 있어 항상 주의해야 하는 것은 기본 상식이다. 그러나 어린이 보호구역에서조차 부주의한 운전으로 많은 사고가 발생하고 있다. 경찰청 발표에 따르면, 어린이 보호구역에서 교통법규 위반 건수가 2014년에서 2016년 사

159

이에 60퍼센트 이상 늘었고, 연평균 538건의 교통사고가 발생해서 아이들이 다치거나 목숨을 잃는다고 한다.

하지만 모든 책임이 운전자에게만 있는 것은 아니다. 어린이 보호구역에 있어야 할 과속 방지 시설이나 안전 울타리 등이 없는 곳이 많고, 심지어 인도조차 없어서 아이들이 안전 사각지대에 놓여 있는 곳도 흔하다. 또 운전자 입장에서는 다른 차는 물론, 신호등과 표지판을 보면서 차 내부에 있는 여러 기기까지 조작해야 하므로 도로 바닥에 있는 안내 글자를 읽는 게 쉽지 않다. 어린이 보호구역 표시는 주로 도로 바닥에 쓰여 있는 경우가 많기 때문이다. 따라서 운전자가 어린이 보호구역을 명확하게 인식할 수 있도록 안내 글자를 운전자 눈에 잘 띄게 표시하는 일이 매우 중요하다.

디자인으로 안전 문제 해결의 실마리를 찾다

이러한 문제점을 해결하기 위해 교통공학자가 아닌 디자이너들이 발 벗고 나섰다. 어린이 보호구역에서 교통사고가 자주 일어난다는 이야기를 듣고 안타까움을 느꼈던 것이다. 디자이너들은 처음에는 다른 도로처럼 도로면의 색을 바꾸거나 글자의 크기를 키워 보는 방법을 사용했지만 별다른 차이가 없었다. 디자이너들의 고민은 계속되었고, 어떤 디자인이 좋을지 논의하던 중 착시 현상을 이용한 입체 글자를 만들어 보기로

160

디자인으로
아이들의 생명을 지킨다

하였다.

두 장의 사진을 비교해 보면 어느 글자가 운전자에게 더욱 잘 보이는지 확실하다. 왼쪽은 도로 위를 빨간색으로 칠하여 운전자에게 경각심을 줄 수 있지만 글자 자체는 오른쪽이 훨씬 더 잘 보인다. 운전자가 쉽게 알아볼 수 있게 바닥에 있는 글자를 입체적으로 보이도록 디자인했는데, 어떻게 글자가 서 있는 것 같은 느낌을 줄 수 있을까? 그 이유는 글자를 입체 그림인 '3D 트릭아트(Trick Art)'와 같은 원리로 그렸기 때문이다.

3D 트릭아트에서 트릭은 속임수를 뜻한다. 즉, 착시 현상을 이용해서 입체가 아닌 그림을 입체처럼 보이게 만드는 일종의 속임수인 셈이다. 트릭아트처럼 착시 현상을 이용한 방식은 미술 외에도 이미 많은 매체에서 응용되고 있다.

대표적인 매체는 바로 3D 영화이다. 여러분도 한 번쯤 3D 영화를 본 적이 있을 텐데 그 원리가 궁금했을 것이다. 3D 영

화는 전용 안경을 쓰고 평평한 화면을 보는 관객에게 화면이
입체감 있게 보이도록 만들어 주는 기술이다. 물론 3D 전용 안
경에 비밀이 있는 것은 맞지만, 근본적으로는 우리 눈이 착시
현상을 일으켜 입체감을 느끼게 된다. 사람은 두 개의 눈으로
사물을 보기 때문에 입체감과 원근감을 느낄 수 있다. 마찬가지
로 3D 영화의 입체감은 두 대의 카메라를 이용해 촬영했기 때
문에 가능하다. 두 대의 카메라로 촬영한 영상을 화면에 비추
면 두 개의 영상이 겹쳐진 화면이 보이는데, 이 화면을 3D 전
용 안경을 쓰고 바라보면 각각의 영상을 빠른 속도로 분리해서
보여 준다. 그 과정에서 하나의 영상을 마치 두 눈으로 사물을
보듯 뇌에서 조합하기 때문에 입체감을 느낄 수 있다. 신기해

더자인으로
아이들의 생명을 지킨다

작은 아이디어를 더한 디자인이 일상에 쓰이는 순간,
아이들이 안전하게 학교에 다닐 수 있는
커다란 변화를 이끌어 냈다.

보이는 3D 영화는 우리 눈의 착시 현상과 영상 기술을 융복합한 기술인 셈이다.

입체 미술도 인체의 착시 현상을 이용한 미술 분야의 하나인데, 일반인들에게는 트릭아트 혹은 착시 아트라고 알려져 있다. 하지만 미술계에는 '아나모픽 아트(Anamorphic Art)'라는 전문 분야가 따로 있다. 원래 아나모픽 아트란 독립된 그림이나 이미지 혹은 색깔을 다양하게 배치한 후 특정한 각도에서 보면 하나의 완성된 이미지를 만드는 미술을 말한다. 주로 건축물과 같은 조형미술에 많이 사용되며, 벽이나 바닥에 그리는 트릭아트도 이와 같은 원리로 만든 예술 작품이다.

2016년 프랑스 설치미술가 베르나르 프라(Bernard Pras)가 세종문화회관 계단에 만든 작품이 화제가 되었다. 재활용품을 모아 세종대왕을 재현한 작품이었다. 이 작품은 특정 각도에서 바라보아야만 완전한 그림으로 인식할 수 있는데, 그런 특성이 아나모픽 아트의 독특한 개성이다.

예술가들의 교통안전을 위한 노력

실제로 아나모픽 아트를 설치하자 글자의 입체적 디자인에 흥미를 느낀 운전자들이 안내 글자에 집중할 수 있었고, 다른 어떤 디자인보다도 운전자들의 눈에 훨씬 잘 보였다. 새로운 디자인에 대한 반응이 긍정적 효과를 거두었던 것이다. 그러자

디자인으로
아이들의 생명을 지킨다

디자이너들은 경찰청과 협력해 입체 안내 글자를 다른 몇 군데의 어린이 보호구역에도 그려 넣었다. 놀랍게도 과속 차량 수가 다른 곳들에 비해 훨씬 줄어들면서 교통사고 예방에 탁월한 효과를 입증했다. 아나모픽 아트와 교통공학의 융복합이 기막힌 효과를 발휘하게 된 것이다.

　아나모픽 아트는 특별한 색을 이용해 강조하지 않아도 멀리서도 글자가 잘 보인다는 강점이 있다. 운전자들이 미리 준비하고 조심하도록 경고하는 역할을 한다. 이에 영감을 받은 디자이너들은 글자뿐만 아니라 흥미를 유발하는 다양한 그림으로 교통안전에 대한 경각심을 높이기 위해 노력하고 있다. 디자이너들은 그들이 가장 잘할 수 있는 디자인을 통해 사고를 예방하고, 아이들의 생명을 구할 수 있게 된 것에 많은 자부심을 느끼고 있다.

디자인으로
아이들의 생명을 지킨다

생각
연습

※ 다음 글을 읽고, 미술이 다른 영역과 융복합되어 창조적인 결과물을 만들어 내는 '메디치 효과'의 사례를 더 찾아보자.

조각가 도나텔로, 조각가이자 화가인 미켈란젤로, 화가이자 기술자인 다 빈치, 과학자 갈릴레이. 이들의 공통점을 찾는다면 무엇이 있을까? 먼저 모두 뛰어난 창의력을 발휘하여 과학이나 예술 등각자의 분야를 풍성하게 만들어 주었다는 점을 들 수 있다. 그런데 언뜻 보면 알아채기 어려운 한 가지 공통점이 또 있다. 바로 이들이 생활하고 연구했던 환경이다. 과연 어떤 환경이었기에 그토록 창조적인 결과물을 내놓을 수 있었던 걸까?

세상을 바꾸는 창의적인 결과가 나올 수 있었던 비결, 그것은 바로 융합이었다. 도나텔로, 미켈란젤로, 다 빈치, 갈릴레이가 커다란 업적을 남길 수 있었던 데에는 다양한 분야에 대한 재능과 지식을 갖춘 과학자, 예술가, 시인, 철학자들과 활발히 교류할 수 있는 환경이 있었다. 그리고 거기에는 메디치 가문이 큰 역할을 했다.

메디치 가문은 15~17세기에 걸쳐 피렌체와 토스카나 지방을 지배한 이탈리아의 유력한 가문이다. 특이하게도 무력이 아닌 재력과 정치력으로 권력을 잡았으며, 형식상으로는 끝까지 시민의 일원으로 남았다. 이들은 시민과 친숙해지기 위해 많은 노력을 했으며 학문과 예술에 후원을 아끼지 않았다. 도나텔로와 미켈란젤로, 다 빈치, 갈릴레이의 공통점 중 하나는 바로 메디치 가문의 후원을 받았다는 것이다. 이런 후원 아래 수많은 과학자와 예술가가 활발히 교류하면서 서로 영감을 주고받았고, 그 결과 피렌체에서 화려한 르네상스 문화를 꽃피울 수 있었던 것이다.

메디치 가문의 활약은 다양한 분야의 사람들이 서로 교류하고 협력하는 것이 창조적인 문화를 이끌어 내는 데 중요하다는 사실을 잘 보여 준다. 오늘날에는 이렇게 서로 관련 없어 보이는 분야가 융합한 결과 혁신적인 아이디어와 결과물이 탄생하는 현상을 '메디치 효과'라고 부른다.

– 고호관, '창의력은 융합에서 나온다', 『수학동아』, 2009년 11호

4부

미래 사회의 변화에 영향을 주는 기술들

다이어트 중에도 마음껏 먹고 즐기는 디지털 푸드

: 디지털 기술로 음식을 요리하다

먹고 싶은 것을 마음껏 먹을 수 없는 시대

먹는 것(행위) 그리고 먹을 것(음식)만큼 사람을 본능적으로 이끄는 요인이 또 있을까? 가령 요즘 유행하는 '먹방'은 늘 먹고 싶어 하는 사람의 욕구를 대놓고 반영하는 문화라고 볼 수 있다. 우리가 먹방을 시청하는 건 실제 먹는 행위가 아니다. 왜 직접 먹지도 못하면서 남이 먹는 모습을 지켜보고 싶은 욕구가 생길까? 누구는 대리 만족이라는 말로 단순하게 설명하려고 한다. 하지만 대중매체에 소개된 맛집을 찾아다니는 일에 돈과 시간을 아끼지 않는 사람들의 모습을 보면, 먹는 것 혹은 먹을 것이 우리가 살아가는 데 얼마나 강력한 동기가 되는지

잘 보여 준다. 오죽하면 '먹기 위해 산다'는 말이 있을까.

　하지만 현대 사회를 살아가는 우리는 음식이 있어도 마음껏 먹지 못할 때가 더 많다. 다이어트를 하는 사람은 고통스럽지만 일단 먹는 양부터 줄이고 견딘다. 또 어떤 이는 인공감미료나 식용색소 등의 화학 첨가물이 들어간 음식에 거부감을 갖기도 하고, 수입 농산물에 해로운 농약이 남아 있을 수 있다고 생각해 두려워하기도 한다. 그뿐 아니다. 유전자가 조작되었을지 모를 농작물에 대해서도 경계를 늦추지 않는다. 유통기간이 지난 음식, 성인병을 일으키는 음식, 중금속 중독 우려가 있는 생선, 조류독감이 유행하는 순간의 가금류(닭, 오리, 거위 같

다이어트 중에도 마음껏 먹고
즐기는 디지털 푸드

은 날짐승) 등도 마음 놓고 먹기 어려운 음식이다. 그렇다면 사람의 본능을 가장 강력하게 자극하는 식욕을 굳이 고통스럽게 억누르지 않고도, 먹고 싶은 음식을 실컷 먹을 수 있는 조리법은 없을까? 아무리 유능한 요리사라도 이와 같은 문제들을 한꺼번에 해결할 수는 없을 성싶다. 해결책은 뜻밖에도 음식을 다루는 조리학에 첨단의 IT 공학 기술을 융복합했을 때 실마리가 보인다.

향기를 담은 스마트폰이 단서가 되다

우리는 먹방을 볼 때 텔레비전 화면에서 진짜 음식 냄새가 나면 좋겠다고 상상해 보곤 한다. 먹방 혹은 요리 관련 프로그램에서 실제로 냄새가 난다면 그만한 박진감이 없을 것이다. 냄새가 나는 텔레비전은 아직 상용화되지 않았지만, 사용자의 필요에 따라 향기를 내뿜는 스마트폰은 이미 개발되어 판매하고 있다. 스마트폰 제조 회사들은 그동안 주로 더 선명한 액정 화질, 더 수준 높은 카메라 기술, 멀티미디어 구현 기술을 두고 경쟁했다. 모두 시각과 청각을 바탕으로 한 기술 경쟁이었다. 하지만 지금은 시청각을 넘어 후각에 도전장을 내민 기술들이 연거푸 등장하고 있다. 보고 듣는 스마트폰에 후각, 즉 냄새를 더하기 시작한 것이다.

일본 제조 회사인 챗퍼프는 스마트폰 어플리케이션을 통해 냄새를 뿜는 '센티(Scentee)'를 개발해 냈다. 회사 관계자는 "스마트폰에 여러 냄새를 조합할 수 있는 작은 부속기만 달면, 앱을 통해 다양한 냄새를 만들어 낼 수 있다"고 말한다. 이 기술을 활용하면 기존의 소리 알람을 냄새 알람으로 대체할 수 있다. 즉, 문자메시지가 도착하면 향기로 신호를 주고, 청각을 자극하는 대신에 향긋한 냄새로 잠을 깨우는 모닝콜이 등장하는 것이다. 그뿐만 아니라 사용자가 원하는 향기를 일정한 시각에 내뿜게 할 수 있으며, 어떤 웹사이트를 방문하면 특정 냄새가 나도록 할 수도 있을 것이다.

한편 다른 사람에게 자신이 좋아하는 향기를 스마트폰으로 보내는 기술도 있다. '오폰(oPhone)'은 하버드대학교 교수 데이비드 에드워즈(David Edwards)와 레이첼 필드(Rachel Field)가 함께 개발한 일종의 향기 송신기이다. 우리가 문자메시지를 보내듯 향기를 전송할 수 있는 신기술이 들어 있다. 이 기술이 발전하면 머지않아 아래와 같은 대화가 일상이 될지도 모른다.

"집에서 갓 볶은 커피를 직접 내렸는데 커피 향이 기가 막혀. 지금 스마트폰으로 전송할 테니까 너도 한번 맡아 볼래?"

"지금 막 전송받았어. 커피 향이 정말 좋구나. 퇴근 후 집에 가면 커피 한 잔 부탁해."

그러나 아직은 스마트폰을 통해 커피 향을 전송하는 데 기술적 한계가 있다. 센티나 오폰의 기술은 스마트폰과 연결하는 별도의 기기가 있어야 실행이 가능하다. 부속 기기에 담긴 화학제품이 조합되어 냄새를 풍길 뿐이므로 엄격하게 말하면 아

미래 식탁의 변화하는 두뇌음식들

다이어트 중에도 마음껏 먹고 즐기는 디지털 푸드

날로그 기술이다. 인터넷이나 스마트폰만으로 자유롭게 냄새를 전송하려면 우선 냄새를 전기신호로 바꾸는 디지털 기술이 필요하다.

이미지 파일과 음악 파일을 자유롭게 주고받는 일상에서 볼 수 있듯 빛과 소리는 이미 디지털화된 지 오래다. 하지만 냄새는 스마트 센서(Smart Sensor)의 마지막 개척 지대라 할 만큼 아직 기술적 발달이 더디다. 거기에는 그럴 만한 이유가 있다. 에너지를 지닌 빛과 소리와 달리 냄새는 질량을 지닌 실제적 분자의 활동이기 때문에 스마트 센서를 만드는 것이 매우 까다롭다. 빛과 소리는 에너지의 강약을 탐지하는 센서 하나면 충분하지만 냄새는 분자마다 다른 센서가 필요하기 때문이다.

2013년 4월 1일에 구글에서는 '구글 노즈(Google Nose)' 서비스를 내놓았다. 말 그대로 냄새 검색인데, 세상에 존재하는 모든 냄새를 구글 데이터베이스에 저장해서 사용자가 원하는 검색 결과를 전송해 준다고 대대적으로 홍보했다. 원하는 냄새가 나오면 하단의 '냄새 맡기' 버튼을 클릭한 후 화면에 코를 가까이 대고 엔터키만 누르면 냄새가 실시간으로 전송된다고 발표했다. 그러나 어이없게도 이는 구글이 장난처럼 만든 만우절 이벤트로 밝혀졌다. 이 일화는 냄새를 디지털화하고 싶은 관련 업계의 욕망이 얼마나 강력한지 보여 주면서 동시에 냄새를 전기신호로 바꾸는 기술이 얼마나 어려운 일인지 증명한다.

아직은 상상력에 의존할 뿐이지만 언젠가 현실이 될 것이다. 지금도 세계 굴지의 IT 기업이 생활 속 냄새를 디지털 센서로 포착하기 위해 끊임없이 노력하고 있다.

안 먹어도 배부르다? 맛을 디지털화하라

런던시티대학교의 아드리안 처크(Adrian Cheok) 교수는 냄새의 전달 방식은 물론, 맛의 전달 방식도 아날로그에서 디지털로 바꾸는 연구를 진행하고 있다. 아드리안 교수가 연구실에서 제자들을 모아 놓고 늘 입버릇처럼 하는 말이 있다.

"후각과 미각을 점령하는 자가 미래의 컴퓨터를 지배한다."

연구는 단순한 생각에서 출발했다.

'우리가 듣고 싶은 음악을 MP3 형태의 디지털 파일로 변환시키듯, 음식의 맛도 디지털 파일로 변환시킬 수 있을 것이다.'

시각과 청각이 디지털화되었다면 후각과 미각도 언젠가는 디지털 기술에 의해 정복될 수 있다고 확신한다. 최종적으로 아드리안 교수는 이른바 '디지털 푸드'를 꿈꾼다.

그의 팀에서 하는 연구는 전기신호로 만들어진 맛을 인간의 뇌에서 느끼도록 하는 원리에 바탕을 두고 있다. 얇은 금속판 형태로 된 작은 탭을 혀에 대면 낮은 전류를 내보내 맛을 느끼는 혀의 미뢰를 자극하는 방식이다. 전기 자극이 인공적인 화학 반응을 일으키는 주파수대를 발견한 덕분이다. 현재의 기술로는 단맛과 짠맛을 느낄 수 있으며, 이 탭을 더 정교하게 조절할 수 있는 기술이 발전한다면 쓴맛, 신맛 등 보다 다양한 미각을

미래의 변화하는 하루일상

다이어트 중에도 마음껏 먹고 즐기는 디지털 푸드

디지털 푸드가 상상한 대로 실현된다면
앞으로 '먹는다'는 말의 정의를 바꿔야 할지도 모른다.

자극할 수 있다. 더 나아가 맛의 조합을 통해 이 세상에 존재하는 모든 음식 맛을 만들어 내는 일도 가능하다. 아드리안 교수 팀은 탭의 온도 조절을 통해서도 실제 맛과 가까운 자극을 이끌어 낼 수 있다고 밝혔다.

이 연구가 성공한다면 여러 면에서 획기적인 활용이 가능하다. 음식을 양껏 먹을 수 없는 사람들, 이를테면 체급별 운동선수, 몸매를 가꾸는 보디빌더, 식이요법을 실행 중인 환자, 알레르기 때문에 음식을 가려서 먹어야 하는 사람들이 디지털 푸드로 음식의 맛을 마음껏 즐길 수 있게 될 것이다. 심지어 살이 찌는 것이 두려워 음식을 씹기만 하고 뱉는다는 몇몇 탐식가들에게는 디지털 푸드가 황금보다 더 소중한 대접을 받을지 모르겠다. 건강에 해로운 소금을 사용하지 않아 심심한 음식에 전기신호만으로 짠맛을 넣을 수 있고, 채소를 먹기 싫어하는 아이에게 스테이크나 초콜릿 맛을 입혀 건강한 채식을 먹일 수도 있다.

디지털 푸드의 활용도는 여기에 그치지 않는다. 음원 파일을 인터넷에서 구매할 때 1분 미리 듣기 기능을 활용하듯이, 식당에서 메뉴를 고르기 전에 디지털 푸드로 살짝 맛본 후에 음식을 선택하는 일도 가능하지 않을까? 기술이 지금보다 더 발전하면 많은 음식 재료가 있어야 만들 수 있는 아날로그 음식을 디지털 신호를 조작해 간편하게 복제하게 될 날도 곧 찾아올 것이다. 그렇다면 굳이 맛집을 힘들게 찾아다니지 않아도, 식당 앞에서 길게 줄을 서지 않아도 집 식탁에서 손쉽게 맛집 음식을 먹어 볼 수 있을 것이다. 스마트폰으로 맛있는 음식을 상

미래 식량의 변화하는 미래양상으로까지

다이어트 중에도 마음껏 먹고 즐기는 디지털 푸드

대방에게 전송하여 함께 맛보거나 식사하는 일도 현실이 될지 모른다.

실제 식사처럼 음식을 맛보기 위해서는 후각이나 미각 이외에도 촉각이 함께 동원되어야 씹는 질감을 느낄 수 있다. 아드리안 교수팀은 전자 기기를 통해 촉각을 공유하는 이른바 허깅 재킷(Hugging Jacket)도 개발 완료 단계에 있다고 한다. 허깅 재킷은 아주 멀리 떨어진 곳에 있더라도 재킷이 반응하여 마치 코 앞에서 사람과 포옹하는 듯한 느낌을 줄 수 있는 기술이다. 촉각마저 디지털화할 수 있다면, 그야말로 진짜 먹고, 뜯고, 즐기는 디지털 푸드 개발에 성공할 수 있을 것이다.

미래를 다룬 SF 우주 영화에는 종종 알약 하나로 식사하는 장면이 나온다. 이것이 배 속에서 뻥튀기처럼 커져서 포만감을 느끼는 게 아니라면, 어쩌면 식사를 대신하는 알약이 입과 배에 들어가 우리의 뇌를 자극하여 먹는 즐거움을 만끽하게 하는 가상의 디지털 푸드가 아닐지 상상해 보게 된다.

다이어트 중에도 마음껏 먹고
즐기는 디지털 푸드

※ 최근에는 가짜 고기처럼 음식과 IT 기술을 결합한 '푸드테크(Food Tech)'가 나오고 있다. 미래의 디지털 푸드를 상상하며 아래 물음에 답해 보자.

(1) 알약 하나로 모든 영양분을 충분히 섭취할 수 있는 시대가 온다면 어떨지 상상해 보자.

(2) 여러분이 미래에 간편하게 먹을 수 있는 음식을 발명한다면, 어떤 장점과 특징을 살린 음식을 만들고 싶은지 설명해 보자.

Story 16

외과 의사가 종이접기에 몰두한 까닭은?

; 외과 수술에 종이접기를 활용하다

종이접기는 과학을 싣고

종이접기는 유아들의 집중력을 기르고, 상상력과 창의력을 키울 수 있을 뿐만 아니라 소근육 발달에도 도움이 된다는 장점이 있다. 이 때문에 어린이집과 유치원은 물론 초등학교에서 종이접기를 재미있는 놀이처럼 교육에 활용하는 사례가 많다. 중세 유럽에서는 주로 마술사가 무대 위에서 종이접기를 했다고 한다. 당시 관점으로 볼 때 종이 한 장으로 세상 모든 물건을 만들어 내는 일이 많은 사람들에게 꽤나 흥미로웠던 모양이다.

수백 년이 지난 지금, 종이접기는 교육 자료나 눈요깃거리를 넘어 과학이 되었다. 움직이는 로봇부터 사람의 목숨을 살리는

미래 사회의 변화하는 수학으로 보다

182

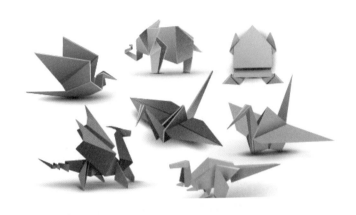

현미경, 그리고 우주선에 이르기까지 공학과 종이접기 기술이 융복합되어 미래 기술로 발전하고 있다. 종이접기 원리에 수학이나 과학 법칙을 적용해 더 정교하고, 더 실용적으로 접는 방식에 대한 연구도 활발히 이루어지고 있다.

종이접기 원리는 뜻밖에 외과 수술에도 응용되어 많은 사람들의 목숨을 살리고 있다. 널리 알려진 스텐트 시술이 아주 대표적이다. 혈관이 좁아지거나 막히면 혈관 안에 원통 모양의 금속 그물을 넣어 인공적으로 혈관을 넓혀서 피가 원활하게 흐르도록 도와주는 시술이다. 이때 넣는 금속 그물이 바로 스텐트(Stent)이다. 스텐트가 혈관 안으로 처음 들어갈 때는 종이접기처럼 납작하게 접혀 있다가 혈관이 좁아진 위치에 자리 잡은 후에야 비로소 부피가 늘어나 원통 모양을 갖추면서 혈관을 확장시킨다. 원래의 크기로는 도저히 좁은 혈관 속을 이동할 수 없으므로 일단 부피가 작게 종이처럼 접힌 상태로 넣어 혈관 속을 더 쉽게 이동할 수 있게 한 것이다.

외과 수술에 종이접기를 도입하게 된 사연

종이접기를 활용한 외과 수술은 누가 반길까? 수술 받는 환자 입장에서는 당연히 수술 후에 흉터를 남기고 싶지 않다. 집도하는 의사 입장에서도 흉터가 작을수록 경과가 좋고 환자의 회복도 빨라지니 "누이 좋고 매부 좋은" 격이다. '어떻게 하면 흉터를 최소화하여 수술할 수 있을까?'에 대한 고민은 일단 몸속으로 들어가는 수술 장비를 작게 만든다면 흉터 역시 작게 할 수 있다는 전제에서 출발했다.

하지만 여기에는 해결해야 할 어려운 문제가 있었다. 수술 절개면을 작게 하려고 몸속에 들어가는 수술 장비를 무작정 작게 만들 수는 없다. 정상적으로 수술을 진행하려면 장비의 기본적인 크기는 확보되어야 하기 때문이다. 또 수술 장비가 작동하는 최소한의 물리적 공간 역시 갖추고 있어야 하므로 수술 장비가 작아진다고 해서 무조건 절개면이 작아지지도 않는다. 즉, 작은 흉터를 남기는 데만 집중하면 수술 과정 자체가 부실해지거나 불가능해지는 궁지에 몰렸다.

미래를 변화시키는 화학의 숨결

뇌과 의사가
종이접기에 몰두한 까닭은?

이런 어려움을 단박에 해결해 줄 매력적인 원리가 종이접기에 담겨 있다. 우선 큰 부피를 작게 줄일 수 있다는 점이 가장 큰 매력이고, 그다음엔 꼬깃꼬깃 접었던 종이라도 다시 펼치면 원래의 모양과 크기로 되돌아온다는 점이다. 공간을 많이 차지하는 수술 장비를 작게 접어서 수술 범위까지 손쉽게 접근시키고, 실제 수술 부위를 집도할 때 원래대로 늘이면 된다. 이런 원리에 따라 작게 접히는, 그러나 몸속에 들어가서는 원래 모양대로 돌아와 자유자재로 활용할 수 있는 수술 장비가 잇따라 개발되고 있다.

특명! 몸속 건전지를 찾아라 vs 눈속에 안착하라

아이가 방바닥을 기어 다니다가 집안에 굴러다니던 작은 건전지를 입으로 가져가서 삼키는 일이 꽤 많다. 장기를 파손시킬 수도 있는 대단히 위험한 상황이기에 수 시간 내로 수술해서 꺼내야 한다.

이런 비상 상황에 대처하기 위해 2016년 MIT 다니엘라 러스(Daniela Rus) 교수팀에서 종이접기 로봇을 내놓았다. 로봇은 조그만 캡슐 안에 마치 종이접기가 되어 있는 것처럼 차곡차곡 포개져 들어가 있다. 이 캡슐을 몸속으로 집어넣으려면 알약을 삼키듯 식도로 넘기면 된다. 몸속에 들어간 후에 캡슐이 다 녹아 없어지면서 종이처럼 접혀 있던 로봇이 원래대로 펼쳐진다.

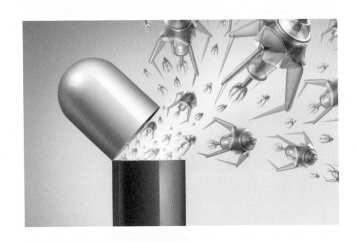

그리곤 이 로봇이 아이가 삼킨 건전지를 찾아다니기 시작한다. 로봇은 외부에서 콘트롤러를 가지고 움직임을 제어할 수 있으며 자석이 달려 있어 아이 몸속에 들어간 건전지를 찾아서 몸 밖으로 꺼낸다.

앞으로는 종이접기 기술이 주로 미시(微視) 의료 분야에서 더욱더 주목받을 텐데, 특히 안과 수술에서 효과적으로 쓰일 수 있다. 뜻밖의 사고나 질환으로 망막세포가 손상되는 환자에게는 망막세포처럼 빛을 감지하는 인공 감광판을 안구 안에 넣어 주는데, 수술의 핵심 기술이 바로 안구 안쪽에 널찍하게 감광판을 펼쳐 주는 것이다. 감광판을 편 채로 안구에 넣으

미래 사회의 변화는 우리에게로부터

려면 눈을 크게 절개해야만 하기 때문에 상당히 어려운 수술이다. 앞에서 말했듯이 수술 절개면이 작을수록 좋은데, 특히 눈은 절개면이 클수록 대단히 위험한 곳이다. 또 얼굴 부위이기 때문에 환자 입장에서는 흉터가 아무리 작아도 부담스러울 수밖에 없다.

이 문제를 해결하기 위해서 감광판을 미리 절묘하게 접고 비틀어서 아주 작고 가늘게 만들어 놓으면 안구 안에 넣기 쉬워진다. 일단 안구 안에 넣고 나면 전기 자극을 주어서 단번에 펼쳐지도록 해야 한다. 이때 감광판을 얼마나 자연스럽게 복원되도록 잘 접어 주느냐가 가장 중요하다. 여기에 노련한 종이접기 전문가의 기술이 필요하다.

지금은 접기 공학의 시대

종이접기를 이용해서 나눔과 배려를 몸소 실천하는 사람도 있다. 아프리카에서는 많은 사람들이 말라리아 전염병으로 고통받고 있다. 말라리아를 예방하는 가장 좋은 방법은 말라리아 기생충을 찾아 미리 제거하는 것이라고 한다. 그러나 가난한 아프리카에서는 값비싼 현미경이 거의 없어 기생충을 미리 찾아내기 쉽지 않다.

이러한 문제를 알았던 스탠포드대학교 교수 마누 프라카시(Manu Prakash)가 종이 현미경 '폴드스코프(Foldscope)'를 만들어 냈

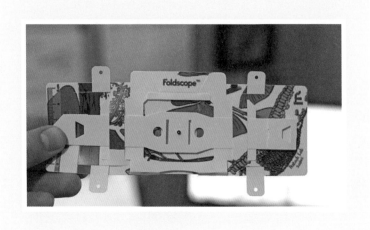

다. 폴드스코프는 1,000원 남짓한 돈으로 종이에 인쇄된 전개
도면을 따라 그대로 접기만 하면 누구나 손쉽게 현미경을 만들
수 있도록 설계되어 있다. 관찰용 렌즈와 LED 전구까지 이미
종이에 달려 있어서 말라리아 기생충뿐 아니라 대장균도 관찰
이 가능하다. 렌즈 배율이 무려 2,000배나 된다고 하니 의외의
성능을 자랑한다. 더군다나 종이접기로 미리 제작되어 있어서
조립하기 편하고, 감염이 걱정되면 바로 태워 없앨 수도 있어
서 많은 사람들을 살려 내는 기적의 도구로 추앙받고 있다.

종이접기 기술은 여러 학문 분야에서 폭넓게 응용되어 '접기
공학'이라는 말이 생겨날 정도가 되었다. 그래서 요즘 과학자
들은 종이접기 기술을 공학에 활용한 접기 공학 연구에 몰두하

뇌과 의사가
종이접기에 몰두한 까닭은?

고 있다. 다니엘라 교수는 다음과 같이 종이접기의 원리를 찬양했다.

"접기 로봇은 평면을 입체로 만드는 종이접기에서 아이디어를 얻었어요. 로봇을 빠르고 쉽게 만들 수 있는 방법이 필요했는데, 풀이나 가위 없이도 입체 모형을 만들 수 있는 종이접기가 그 해법이 됐지요."

우주 공간에서도 종이접기

넓디넓은 우주를 개척하는 데 밑바탕이 될 우주과학 분야에서도 종이접기는 여지없이 위력을 발휘한다. 미국 NASA에도 첨단 우주과학 기술자와 높은 수준의 천문학자 틈에서 접기 공학 전문가들이 중요한 역할을 맡아 참여하고 있다. 로켓에 실을 수 없을 만큼 거대한 우주망원경을 옮기는 방법을 조언한 사람이 접기 공학 전문가였다고 한다. 수십 개의 조각으로 나누어 종이처럼 접어서 로켓에 실었다가 우주에 나가서 다시 원래 모습대로 펼치면 된다.

태양빛을 동력으로 삼는 우주선을 개발하는 데에도 종이접기를 활용하는 아이디어가 채택되었다. 거대한 돛처럼 생긴 태양전지판을 곱게 접어서 우주에 띄우는 방법이다. 종이접기 원리를 이용하면 지름 28미터의 태양전지판을 2미터 정도 크기로 접은 뒤 우주에서 기계적 힘을 가해 손쉽게 펼칠 수 있다고 한다.

또 NASA에서 장거리 우주왕복선을 개발 중인데 종이접기를 활용한 주거 공간도 함께 연구하고 있다. 우주선에 큰 집을 그대로 싣고 다닐 순 없으니 집을 접어서 작게 만든 후에 싣고 다니자고 생각한 것이다. 평소에는 작게 접혀 있지만 활짝 펼치면 사람이 오랫동안 살아도 될 정도로 커다란 집이 되어 다른 행성에 도착했을 때도 별 문제없이 살아갈 수 있다.

아주 조그만 공간에서 아이들의 손으로 시작된 종이접기가 의사의 손에서 사람을 살리고, 가장 넓은 공간인 우주를 개발하는 데까지 활용된다고 하니 종이접기의 쓰임새는 끝이 없을 것만 같다. 앞으로 종이접기가 어떤 분야에 융복합되어 더 놀라운 기술로 발달할지 사뭇 궁금해진다.

뇌과 의사가
종이접기에 몰두한 까닭은?

생각
연습

※ 2016년 우리나라 대학 연구팀이 세계 소프트 로봇 경진대회에서 우승했다. 로봇 무게 제한 규정이 있기 때문에 가벼운 천과 플라스틱 스프링 등으로 만들었는데, 특히 종이접기 원리를 적용해 바퀴를 만들어서 크기를 마음대로 조절할 수 있다고 한다. 이처럼 종이접기를 활용할 수 있는 다른 분야를 떠올려 보자.

Story 17

가상화폐를 넘어
미래의 주연 기술로

: 블록체인 기술은 세상 모든 것과 융복합한다

비트코인은 블록체인의 걸음마

"은행이 아니라 개인과 개인이 화폐를 만들어 거래한다고?"

대부분의 인류는 화폐를 중심으로 경제생활을 해 왔다. 또 화폐가 지닌 강력한 힘 때문에 많은 나라에서 중앙은행이 화폐를 통제하는 방식으로 관리해 왔다. 하지만 최근에 이런 고정관념을 완전히 무너뜨린 사건이 발생했으니 바로 전 세계를 강타한 비트코인 열풍이다. 많은 사람들이 비트코인을 통해 처음으로 '블록체인(Blockchain)' 기술을 접하게 되었다.

엉뚱하게도 비트코인은 원래 블록체인 기술의 실현 가능성을 증명하기 위해 발행되었다. 비트코인 전자지갑을 갖고 있는

미래 사회가 변화는 과학으로부터

192

사람들이 10분마다 생성되는 암호화된 수학적 문제를 풀면 비트코인을 보상으로 받는다. 이렇게 지급받은 비트코인은 개인 사이에 거래가 가능하고, 현금으로도 바꿀 수 있다. 하지만 본래 가상화폐란 실체 없는 데이터로만 존재하기 때문에 쉽게 복제할 수 있다. 더군다나 원본과 복제본이 서로 아무런 차이가 없어 무한정 복제가 가능하기 때문에, 복제할 수 없도록 지켜주는 안정성이 없다면 화폐로서 기능도 잃는다. 그동안 생겨났던 많은 가상화폐가 대부분 실패한 이유이다. 그래서 비트코인은 안정성을 확보하기 위해 블록체인 보안 기술(Blockchain Security Technology)을 활용하였고, 은행이 필요 없는 금융 서비스를 제공하는 데 성공할 수 있었다.

그렇다면 블록체인 기술은 어떻게 안정성을 확보할 수 있었을까?

블록체인보다 안전한 은행 금고는 없다

우리는 종종 어떤 은행에서 디도스 공격을 받아 수천 건의 고객 개인 정보와 거래 내역이 유출되었다는 뉴스를 듣는다. 은행의 가장 큰 임무는 고객 정보와 거래 내역을 안전하게 보관하는 일이다. 그래서 은행은 안전성을 확보하기 위해 건물에서 가장 안전한 곳에 메인 서버를 설치하고, 각종 보안 프로그램을 통해 정보를 보호하며, 서버를 지키기 위해 경비원 및 관리인을 배치한다. 그렇다 보니 수많은 사람과 도구가 필요하다. 그러나 아무리 보안을 철저하게 해도 어떤 방식으로든 서버가 해킹당하면 그 속에 담겨 있던 정보는 유출과 조작이 가능해지므로 항상 불안정할 수밖에 없다. 하지만 블록체인은 여전히 불안정한 보안 체제가 없어도 거래 정보를 안전하게 보관할 수 있는 기술을 실현했다.

우선 블록체인은 거래 정보를 안전하게 보호하기 위해 P2P(Peer to Peer, 온라인에서 개인과 개인이 직접 연결되어 파일을 공유하는 것) 서비스를 핵심 기술로 가져왔다. 즉, 블록체인은 거래 내역을 하나의 메인 서버에서 보유하지 않고 해당 네트워크에 참여하고 있는 모든 사용자가 그 거래를 지켜볼 수 있게 한다. 거래 내역은 각각의 컴퓨터가 검증해서 통과해야만 거래가 이루어지도록 설계되어 있다.

비트코인 거래를 예로 들어 보자. 첫째, A가 B에게 거래를 요청하면 'A와 B의 거래 정보'라는 하나의 '블록'이 만들어진다. 이 블록은 자동으로 네트워크에 참여하고 있는 모든 사용자에게 전송된다. 둘째, 사용자들은 거래 정보의 타당성이나 유효성을 서로 검증한 후 결과가 정상으로 확인되면 블록은 이전의 거래 정보를 담은 블록들과 연결되어 체인을 이루게 된다. 마지막으로 이에 따른 사본(원본을 그대로 베낀 것)이 자동으로 생산되어 각 사용자들의 컴퓨터로 전송된다. 이후 A와 B의 거래가 정상적으로 처리된다.

이처럼 거래가 반복될 때마다 수많은 사람들이 인증한 블록

미래 사회가 변화하는 규칙으로서의

가상화폐를 넘어
미래의 주연 기술로

들의 체인이 더욱 튼튼하게 만들어지기 때문에 이 기술을 블록체인이라고 부른다. 이때 외부에서 블록에 담겨 있는 정보를 해킹하려면 그 블록을 저장하고 있는 전 세계의 모든 컴퓨터를 동시에 해킹해야 한다. 동시 해킹은 사실상 불가능한 일이기 때문에 한 블록 안에 있는 정보가 조작되거나 달라질 우려가 거의 없어 안정성이 확보되는 원리이다.

이렇게 거래된 내용을 모든 사용자가 지켜보고 있기에 금융 거래에서 만들어진 블록체인을 다른 말로 '공공거래장부'라고 부른다. 그리고 탁월한 안정성 때문에 블록체인을 '온라인 금융이나 가상화폐 거래에서 해킹을 막는 기술'이라고 해석하기도 한다. 이렇게 블록체인은 사용자가 많아지면 많아질수록 감

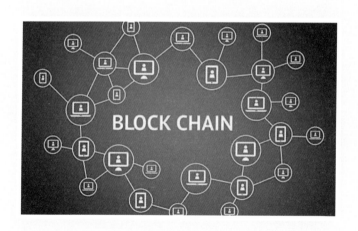

시하는 눈도 많아져 정보의 변질이 어렵고, 해킹 역시 더욱 어려워지기 때문에 대규모 온라인 협업을 통해 발전할 수 있는 새로운 보안 체제로 주목받게 된 것이다.

블록체인이 저작권의 수호천사가 되다

요즘 인터넷상에서 음악, 영상, 사진, 그림과 같은 저작물을 저작자에게 미리 허락받지 않고 쓰는 일들이 많다. 블로그나 인터넷 카페 같은 곳에는 불법 사용이 너무 많아서 일일이 대응하기도 힘든 데다 사용자가 불법인지 아닌지조차 모르고 쓰는 경우도 있다. 게다가 저작자 입장에서는 자신의 저작물을 관리하는 회사가 저작권료를 정확하게 주고 있는지도 확실하지 않아 손해를 볼 때도 있다.

이렇게 인터넷이 발달하면서 저작물의 무단 배포 및 도용, 그리고 저작권료 지불의 투명성 등에 관한 문제가 크게 불거지고 있는데, 앞으로는 사진이나 이미지와 같이 자신의 저작물에 관한 걱정을 할 필요가 없어지게 되었다. 블록체인 덕분이다. 예를 들어 아날로그 필름 제작 업체 코닥은 저작물의 투명한 관리를 위해 블록체인을 기반으로 한 이미지 저작권 관리 플랫폼인 코닥원(KodakOne)을 개발했다. 만약 어떤 사진작가가 이 플랫폼에 자신이 찍은 사진을 올리고 누군가가 그 사진을 구매하면, 구매한 순간 수수료를 제외한 비용이 사진작가에게 송금된

미래 사회를 변화하는 혁명의 물결

다. 따라서 작가와 구매자 사이에 실시간 거래가 가능할 뿐만 아니라, 블록체인 기술을 이용했기 때문에 업체에서 사진의 판매량을 조작할 수 없게 된다. 판매 비용을 정산할 때도 오류가 생기지 않아 작가와 업체 사이에 저작권료로 인한 마찰을 막을 수 있다. 또한 구매자의 정보도 조작할 수 없기 때문에 사진을 허락 없이 가져다 쓴 사람을 정확하게 가려낼 수 있어 법적인 다툼도 훨씬 줄어들 것이다.

이와 비슷하게 각종 음원 사이트와 출판사처럼 저작물을 다루는 업체에서는 일정 기간마다 저작권료를 정산하는데, 업체로부터 저작권료를 받는 저작권자들은 업체에서 정산한 결과를 믿을 수밖에 없다. 하지만 불투명한 저작권료 지급 체계 탓에 때때로 업체와 저작권자 사이에 갈등이 생기곤 한다. 여기에 블록체인 기술을 도입한다면 음원이나 책의 판매량을 절대 조작할 수 없어 자연스럽게 투명한 저작권료 지급이 이루어지게 될 것이다. 업체라는 제3자가 일방적으로 저작권료를 계산하는 방식에서 벗어나 투명한 개인과 개인 사이에 거래가 가능해지는 시대가 오고 있는 것이다.

블록체인 기술은 전기, 가스, 수도, 통신 요금 등 자신이 사용한 내역을 정확하게 파악하기 힘든 각종 공과금을 납부할 때에도 유용하다. 사용 내역에 대한 조작이 불가능해서 믿고 요금을 낼 수 있기 때문이다. 유료 주차장, 렌터카, 공간 대여, 디지털 콘텐츠, 노래방 등 일정 시간 동안 이용하는 서비스 분야에 내는 사용 요금도 블록체인 기술을 도입하면 복잡한 절차를 거치지 않고 정확한 요금을 지불할 수 있게 된다.

블록체인이 민주주의 정치에 기여할 수도

"투표가 아니라 개표가 결정한다."

몇 해 전, 선거 결과 조작이 큰 이슈가 되었을 때에 한 시사고발 프로그램에서 내건 제목이다. 우리나라는 민주주의를 내세우고 있다. 민주주의가 제대로 실현되려면 선거로 나타나는 대중들의 뜻이 정확하고 공정하게 집계되어야 한다. 지금까지 운

미래 사회의 빅뱅하는 거야함으로러디

가상화폐를 넘어
미래의 주연 기술로

영해 온 선거 시스템은 불완전한 부분이 존재한다. 누군가 나쁜 의도를 가지고 참견함으로써 개표 과정에서 결과가 조작되거나 여론조사 과정에서 정보가 뒤바뀌는 문제들이 발생할 가능성이 크다. 따라서 사회에 큰 다툼을 일으키거나 민주주의의 뿌리를 흔들 수도 있는 큰 문제점으로 꾸준히 지적되었다.

하지만 블록체인 기술을 활용하면 개표 과정 또는 여론조사 과정에서 생길 수 있는 정보 조작을 처음부터 막을 수 있다. 실제로 미국의 한 비영리 단체인 지구민주주의(Democracy Earth)는 블록체인을 이용한 투표 소프트웨어를 개발했다. 이 소프트웨어는 사람들에게 비트코인과 비슷한 개념의 표를 발행해 준다.

즉, 사용자들은 전자지갑에 100표를 받아 자신이 지지하는 정책이나 사람에게 수십 표를 한 번에 사용할 수도 있고, 대리인에게 넘길 수도 있으며 다시 찾아올 수도 있다. 그 과정에서 블록체인 기술을 활용하기 때문에 투표 결과 조작은 거의 불가능하다.

전 세계 대부분 국가들이 민주주의를 내세우지만, 여전히 국가에서 수많은 데이터를 처리하는 거대한 데이터베이스 서버를 독차지하고 있는 상황이다. 블록체인 기술은 국가의 모든 행위에 관한 데이터를 나누어 관리할 수 있기 때문에 투명한 국정 운영이 가능해진다. 그 대표를 뽑는 선거 과정 역시 투명하게 운영될 수 있기 때문에 이제는 과학 기술이 이상적인 민주주의를 실현하는 데 도움을 줄 것으로 보인다.

이제 모두 블록체인으로 엮인다

"잠시만요! 그 유언장은 가짜입니다!"

드라마나 영화에서 가정불화의 단골 원인으로 등장하던 유언장 조작 소재도 앞으로는 구경하기 힘들게 되었다. 블록체인 기술을 적용한 유언장 포털 서비스가 개발되었기 때문이다. 유언장은 살아 있을 때는 자신이 관리할 수 있지만, 죽은 후에는 당연히 권한을 대리인에게 맡길 수밖에 없다. 그런데 드라마에 자주 등장하는 것처럼 유언장은 작성한 당사자가 죽은 후에

미래 사회가 원하는 퓨전형 인재들

가상화폐를 넘어
미래의 주연 기술로

야 효력을 발휘하므로 누군가가 조작할 수 있는 위험성이 굉장히 크다. 하지만 정보 조작을 막는 일이 최고 목표인 블록체인 기술이 유언장 관리와 결합한다면, 유언장 내용을 다른 사람에 의한 조작의 위험으로부터 안전하게 지킬 수 있다.

블록체인 기술은 의료 분야에도 혁신을 가져다줄 수 있다. 의학계에 블록체인을 활용하면 수정이나 위조가 불가능한 개인 건강 기록 정보화가 가능하다. 또 이렇게 환자의 의료 기록 원본이 보장되면 관련된 의료 기기의 사용 내역, 각종 보험의 청구 상황, 임상 시험 정보와 같은 내용도 투명하게 관리된다. 결국 환자에게 더욱 편리하고 안전한 의료 서비스가 제공될 수 있다. 만약 어떤 환자가 위급한 상태에서 병원에 도착했을 때 환자의 의료 블록체인이 의료진에게 바로 전달되어 빠른 대처가 가능하고, 개개인에게 맞춤 의료 서비스를 제공할 수 있다.

이미 게임, 교육, 문화, 마케팅 분야 등 전반적인 문화 산업 분야에서 블록체인을 활용한 기술 개발에 박차를 가하고 있다. 인터넷이 처음 등장했을 때, 사람들은 세상이 이토록 많은 변화를 겪을 줄 몰랐지만 지금은 인터넷이라는 플랫폼(많은 사용자가 이용하는 컴퓨터 프로그램, 웹사이트, 모바일 앱) 속에서 살아가고 있다. 비록 막 싹트는 시기이지만, 본격적인 4차 산업혁명 시대에 들어설 때에는 어쩌면 블록체인 기술이 주연으로 활약하게 될지 모른다. 블록체인 기술은 미래의 무궁무진한 다른 영역과 활발하게 융복합하며 무한대로 늘어날 것이다. 모든 영역이 말 그대로 '체인'처럼 연결되는 시대가 오고 있다. 블록체인이 미래 사회를 어떻게 바꿀지 현재를 사는 우리는 정확한 모습을 상상할 수 없다. 하지만 최대한 단점을 보완해 나간다면 무엇을 상상하든 그 이상이 될 것이라는 것만은 확실하다. 융복합은 가능성을 확대하는 일이기 때문이다.

가상화폐를 넘어
미래의 주연 기술로

※ 다음 사례와 같이 블록체인 기술이 또 어떤 분야에 융복합될 수 있을지 생각해 보자.

2017년 중국의 한 온라인 회사에서 닭이 나고 자라는 과정을 지켜볼 수 있는 서비스를 개발했다고 한다. 또 2018년 스타벅스는 블록체인 기술을 이용해 커피 원두의 유통 과정을 추적하는 프로그램 파일럿을 발표했다.

Story 18

국회가 사라지고
대통령도 필요없다

: 인공지능 로봇에게 정치를 맡기다

불완전한 인간의 완벽한 정치를 위한 노력

만약 6선 의원이 된 '정치 9단' 국회의원과 인공지능(Artificial Intelligence, AI)의 최고 권위자인 로봇공학자가 만난다면 어떤 이야기를 주고받을까? 정치와 로봇공학은 전혀 접점이 없는 서로 다른 영역 같지만 의외로 둘이 만나는 지점에는 놀라운 가능성이 숨어 있다.

아무리 빼어난 실력을 가진 일 잘하는 정치인이라도 어려움은 있다. 국민의 생각을 읽고 국민이 원하는 정치를 하는 것이 정치인의 임무이자 숙명일 텐데 말처럼 쉽지 않다. 그래서 간혹 뉴스를 보면 볼멘소리를 하는 국회의원을 볼 수 있다. 이들

204

은 국민의 마음을 정확하게 파악하기 힘들다고 한탄한다. 국민의 생각이 흐르는 물처럼 자꾸 변하기 때문이다. 게다가 시대의 유행에 따라 사람들의 생각이 빠르게 바뀌어 갈 뿐만 아니라 점점 다양해지고 있어 따라잡기 쉽지 않다.

국회의원은 국민이 뽑아 준 '국민 대표'의 성격을 지닌다. 따라서 대표를 뽑는 선거의 목표를 생각한다면 국회의원은 임기 동안 순수하게 국민을 위해 봉사해야 한다. 그런데 국회의원에게는 일반 국민이 갖지 못하는 다양한 권력이 주어진다. 이런 권력의 특성 때문에 정치인들이 순수하게 정치만 하지 못할 때가 많다. 많은 정치인이 자신에게 주어진 권력을 개인의 욕심과 이익을 채우는 데 이용하기도 한다.

가령 어떤 정치인은 지역구에 생색내기 위해 굳이 필요하지

않은 시설이나 도로 등을 건설하기도 하고, 더 나아가 국회의원이라는 신분을 이용하여 부당한 압력을 넣기도 한다. 그뿐만 아니라 옳지 못한 방법으로 자신의 재산을 모으기도 한다. 이러다 권력을 함부로 휘두르는 지경에까지 이르는 경우도 많다. 우리가 흔히 '정치가 부패했다'고 할 때 바로 이런 모습을 두고 하는 말이다. 정치인 입장에서는 의도했든 그렇지 않든 간에 자신도 일반인과 똑같은 사람이므로 종종 욕심이 생긴다며 변명할지 모른다. 그러나 많은 국민이 정치인을 믿지 못하고 정치에 혐오마저 느끼는 원인에는 이런 행동이 큰 영향을 준다.

물론 정치인이 권력을 제멋대로 사용한다면 그가 한 일에 대해 비난받아 마땅하다. 하지만 더 큰 문제는 정치인이 중요한 정치적 사안에 대해 잘못된 판단을 내려 일을 크게 그르치는 경우다. 한 정치인의 잘못된 판단은 국민들을 순식간에 고통으로 내몰고 경제적 파탄을 불러올 때도 있다. 예를 들어 2003년 3월, 미국 조지 부시 대통령은 이라크를 침공하는 정치적 결단을 내린다. 미국은 이라크의 독재자 사담 후세인이 화학무기와 핵무기 같은 대량 살상 무기를 개발하여 알카에다를 비롯한 테러 조직을 지원하고 있다고 판단했다. 곧바로 이라크 수도 바그다드를 폭격하면서 전쟁을 일으켰지만 끝내 이라크가 알카에다와 관련이 있다거나, 대량 살상 무기가 있다는 증거를 찾을 수 없었다. 결국 부시 대통령의 잘못된 판단이 세계 평화를 위협하는 전쟁을 일으키게 된 셈이다.

사실 다른 나라까지 갈 것도 없이 우리나라에서도 비슷한 사

국회가 사라지고
대통령도 필요 없다

례를 찾을 수 있다. 이명박 전 대통령은 취임 후 환경을 살리는 동시에 경제를 성장시킨다는 취지의 '4대강 살리기 사업'을 진행했다. 그러나 국민과 합의가 없는 상태에서 22조 원의 예산을 쏟아 진행한 결과, 오히려 경제가 어려워지고 4대강과 주변 하천의 환경마저 오염되고 말았다. 4대강 살리기 사업은 이라크 침공과 마찬가지로 정치적으로 잘못된 판단에서 비롯된 통치였다고 볼 수 있다. 또 2017년 박근혜 전 대통령의 탄핵 과정은 정치 지도자의 잘못된 판단과 선택이 어떤 결과를 만드는지 보여 주었다.

정치는 전지전능한 신이 아니라 불완전한 인간이 하는 일이기에 모든 일에 완벽함을 기대할 수는 없다. 물론 더 나은 정치,

문제점을 보완하는 정치는 가능하겠지만 말이다. 하지만 여기에도 한계는 있다. 정치인도 사람이기에 자신만의 주관적인 생각과 편견이 있고, 챙겨야 할 가족 그리고 서로 영향을 주고받는 수많은 인맥이 있다. 이런 상황에서 정치와 상관없는 요소를 전부 제외하고, 늘 객관적이며 감정에 치우치지 않는 정치 판단이 과연 가능할까? 최근에 정치에 참여하는 인공지능 로봇이 대안으로 등장하기 시작한 큰 이유이다. 사람이 하는 불완전하고 미덥지 못한 정치를 대체하는 인공지능 로봇 대통령의 출현 가능성도 점차 커지고 있다. 얼마 전에 알파고가 바둑 경기에서 사람을 이긴 일은 그 가능성의 일말을 보여 준 사건이었다.

물론 사람만이 가진 창의적 사고력이 필요한 바둑에서 알파고가 사람을 눌렀다고 해서 정치마저도 로봇이 해 주는 세상이 올 것이라는 생각은 아직 이르다. 인간은 '정치적 동물'이라고 할 만큼 정치 행위는 사람의 매우 중요한 특성이다. 정치는 사람만이 할 수 있는 영역이다. 모름지기 정치는 사람의 마음을 읽는 것이 핵심인데, 인공지능이 어떻게 사람의 마음을 헤아리겠느냐는 반박도 만만치 않다.

합리적 의사 결정을 내리는 인공지능

인공지능 로봇이 정치를 한다면 사람의 마음을 어떻게 읽을

미래 사회의 변화는 기술만으로는

국회가 사라지고
대통령도 필요 없다

수 있을까? 인공지능 로봇이 모든 SNS에 접속해 사람들의 최신 성향을 파악하면, 하루에도 몇 번씩 여론 조사를 하는 것과 다름없이 국민의 마음을 실시간으로 파악할 수 있다. 이것을 국가 정책에 반영하면 국민들의 만족도는 당연히 높아진다. 결국 수시로 변하는 국민의 마음을 읽는 게 어려운 정치인의 고민은 인공지능 로봇에겐 별일 아닌 게 된다. 더욱이 현재 개발 중인, 사람같이 감정을 느끼는 인공지능이 곧 완성된다면 정치하는 로봇이 활약하는 시기를 훨씬 더 앞당길 수 있다. 여기에 더해 인공지능 로봇은 가족을 먹여 살리지 않아도 되고, 개인적인 욕심도 없다. 인맥도 필요 없어서 정책 결정 과정에 자기 욕심은 전혀 끼어들 틈이 없다. 이보다 합리적인 의사 결정을 내리는 정치인이 과연 있을 수 있을까?

인공지능에게 정치를 맡기자는 아이디어는 기본적으로 '인간 정치인'이 완전하지도, 이타적이지도 않은 존재라는 전제에서 나왔다. 하지만 역사적으로 살펴보면 훌륭한 정치인, 위대한 지도자도 많았다. 요즘도 탁월한 통찰력이나 상황 대처 능력을 가진 정치인이 많은데 굳이 인공지능 로봇이 정치를 해야 할까, 인공지능 로봇은 단지 정치인의 단점을 메우는 데 그치지 않을까 하는 의문도 든다.

하지만 인공지능은 뛰어난 지도자의 통치 행위를 본받아 자기 능력으로 만드는 재주가 있다. 바로 사람처럼 스스로 학습하는 '딥러닝(Deep Learning)' 기술이다. 역사적으로 높은 평가를 받는 지도자들의 통치 방법을 빅데이터로 만들어 인공지능에게 제공하면 시간이 지날수록 능숙한 정치를 하게 만들 수 있다. 세월이 흐를수록 정치 경험이 늘어난 노련한 정치인처럼 그동안 쌓인 빅데이터는 인공지능 로봇을 더 완벽한 정치 기계로 진화시킬 수 있다.

이런 관점에서 보면 사람만이 정치할 수 있다는 선입견은 이제 버릴 때가 되었다. 불완전한 정치제도는 사실 정치하는 '사람'에게서 비롯되었다. 사람의 부도덕하고 이기적인 모습을 완벽하게 바로잡을 수 없다면 차라리 정치를 다른 존재에 맡긴다는 생각이 혁신적일 수 있다. 정치라는 인문학적 분야에 인공지능이라는 최신 IT 기술을 융복합하면, 지금보다 더 이성적이고 철저한 정치가 가능해지는 뜻밖의 결과를 얻을 수 있다.

당장에 모든 국가 지도자를 인공지능 로봇으로 대체하는 것은 힘들지 몰라도, 부정부패가 널리 퍼진 정치 후진국 같은 경우에는 인공지능 로봇이 부패한 정치인보다 확실히 긍정적인 역할을 해낼지 모른다. 물론 딥러닝을 통해 훨씬 나은 통치 능력을 가진 정치하는 로봇은 더 활발하고 효과적으로 활약할 것으로 기대된다.

현실이 된 인공지능 정치인

최근 뉴질랜드에서는 세계 최초의 인공지능 정치인이라고 할 수 있는 '샘(SAM)'이 등장해 화제이다. 2017년 11월 공개된

국회가 사라지고
대통령도 필요 없다

사람처럼 생각하고 행동하는 인공지능 로봇의 출현
사람의 모든 것을 대신하는 날이 정말 올까?

샘은 우리가 영화에서 보듯이 사람과 같은 겉모습을 가진 것이 아니라 눈에 보이지 않는 소프트웨어 형태의 정치인이다. 하지만 첫 인공지능 정치인의 출현이라는 점에서 매우 소중한 혁신이라고 할 수 있다. 샘은 현재 여러 SNS를 통해 사용자들과 정치 문제에 대해 실시간으로 대화를 나누고 있다. 뉴질랜드의 복지 문제, 다가올 뉴질랜드의 미래, 그리고 기후 변화와 대처 방법 등을 물으면 자신만의 정치적 의견을 말해 준다고 한다.

이제 개발 초기이기 때문에 주로 국내의 정치 문제에 대해서만 제한된 답을 말하는 수준이다. 그러나 샘의 개발자는 샘이 앞으로도 더욱 다양한 정보를 학습할 수 있다면 국제 상황에도 능통한 정치인으로 거듭날 수 있을 것으로 기대하고 있다고 한다. 게다가 2020년 뉴질랜드 총선에 출마하는 게 목표라고 하니 인공지능 정치인 샘의 미래가 더더욱 흥미롭기만 하다. 샘뿐만 아니라 이 순간에도 세계 곳곳에서 인공지능 정치인이 속속 개발되고 있다.

인공지능 정치 로봇의 시대가 실현된다면 우리 사회에도 큰 개혁과 변화가 찾아올 것이다. 한 발짝 나아가 수백 명에 이르는 국회의원도 심지어 대통령마저 필요 없는 시대가 올지 모른다. 지금으로서는 도무지 상상하기 어렵다. 그러나 우리 상상보다 더 빨리 인간과 똑같이 생긴 인공지능 로봇이 등장하고, 인공지능 정치인이 텔레비전에 나와 다양한 정치적 말을 쏟아내는 모습을 보게 될 수도 있다.

미래 사회를 변화는 인공지능

국회가 사라지고
대통령도 필요 없다

※ 아래 사진처럼 사람과 비슷한 겉모습을 지니고 다양한 분야에서 사람을 대신할 수 있는 인공지능 로봇이 나오고 있다. 다음 뉴스를 읽고, 좀 더 완벽한 '로바마'를 위해 보완할 점이 무엇인지 생각해 보자.

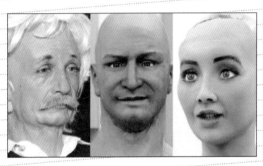

인공지능 '로바마(로봇+오바마)'가 대통령 임무를 수행하는 날이 코앞에 다가와 있습니다. 인공지능의 세계적 권위자 벤 괴르첼 박사는 미래 사회에는 사회·정치 현상을 분석한 후 대안까지 내놓는 '로봇 대통령'이 나올 수 있다고 말했습니다. 벤 박사는 합리적이고 창의적 사고를 하면서도 사람과 공감하고 동정심도 느낄 수 있는 'AGI(Artificial General Intelligence, 인공 일반 지능)'를 만들 수 있다고 하면서, '로바마'가 내년에 첫 시범 모델을 선보이며 이르면 2025년에 완성될 예정이라고 발표했습니다.

– 2016년 〈YTN〉 실제 뉴스를 재가공

■ 참고 자료

저자의 말

윤석만, '사장 말에도 토달 수 있는 회사… '소통 지능'이 미래 경쟁력', 중앙일보, 2018년 1월 3일

1부 융복합으로 더 즐겁고 흥미롭게

공규택, 「우주공간이 우리 노래 속에 들어오면」, 『고교 독서평설』, 2018년 9월호

김상준, 『심리학으로 읽는 그리스 신화』, 보아스, 2016

성열홍, 『신화와 브랜드 모티프』, 커뮤니케이션북스, 2018

교양공감팀, '브랜드 로고 속 숨겨진 그리스 신화', 공감신문, 2017년 5월 12일

네이버 블로그 '브랜드 이름 속에 새겨진 그리스 신화' https://blog.naver.com/sense0307/120130809175

네이버 블로그 '브랜드로 읽는 그리스 신화' https://blog.naver.com/megkis/150004317781

장경아, '교과서 밖으로 나온 수학, 세상을 바꾼다!', 『수학동아』, 2015년 12호

염재윤, '수학 없이는 영화를 만들 수 없을 지경이에요', 동아사이언스, 2015년 10월 21일

김은영, '엘사의 초능력은 수학 방정식의 결과', 사이언스타임즈, 2018년 8월 3일

2부 일상에서 융복합의 단서를 찾다

이재원, '멍게 따라했더니 바닷물에서 금(金)이… 국내연구진, 금속 추출하는 신물질 개발', 조선비즈, 2017년 7월 17일

이영완, '암 발생률 겨우 5%… 코끼리에서 항암 비결 배운다', 조선비즈, 2011년 11월 15일

KISTI 과학향기편집팀, 「엔지니어들이 꼽는 위대한 스승, 자연」, 『과학향기 로즈마리』, 한국과학기술정보연구원, 2014

라파엘 로젠 지음, 김성훈 옮김, 「지하철 노선도에서 생략된 것/위상수학」, 『세상을 움직이는 수학개념 100』, 반니, 2016

박영훈, 『당신의 아이가 수학을 못 하는 진짜 이유』, 동녘, 2015

강문봉, '[생활 속 수학이야기] (13) 위상수학과 한붓그리기', 경향신문, 2008년 4월 28일

김효정, 『UX NOTE : 지하철 노선도 Re-Design』, 네이버, 2015

장영재, 「이기적인 선택이 세상을 널리 이롭게 하다」, 『경영학 콘서트』, 비즈니스북스, 2010

장영재, 「미 국방부가 풍선 놀이를 벌인 까닭」, 『경영학 콘서트』, 비즈니스북스, 2010

지나 키팅 지음, 박종근 옮김, 『넷플릭스 스타트업의 전설』, 한빛비즈, 2015

〈배움너머〉 '[초6 사회] 빨간 풍선 10개를 찾아라' 편, EBS, 2012

김진호·최용주, 『빅데이터 리더십』, 북카라반, 2018

3부 더불어 살아가는 사회를 위하여

〈코딩, 소프트웨어 시대〉 '10초(ReCAPTCHA: 리캡차)' 편, EBS, 2014

EBS 〈코딩, 소프트웨어 시대〉, 〈링크, 소프트웨어 세상〉 제작팀, 『시작된 미래 ⓔ』, 가나출판사, 2017

닛케이 BP사 지음, 이정환 옮김, 「셰어링 서비스」, 『세상을 바꿀 테크놀로지 100』, 나무생각, 2017

편집국, '노원, 제10기 룸셰어링 협약식 개최', 북부신문, 2018년 2월 28일
장우성, '노원구 '어르신-대학생' 룸셰어링 만족도 90%', 뉴스1코리아, 2018년 6월 12일
FCB Brasil, 〈CNA - Speaking Exchange〉, 유튜브
Braigo Labs 홈페이지 https://www.braigolabs.com/
신수빈, '레고, 어디까지 만들어봤니?', 어린이과학동아, 2017년 5월 2일
임화섭, '인도계 13세 소년 실리콘밸리 창업, 인텔도 투자', 연합뉴스, 2015년 1월 21일
M. 리 고프 지음, 황적준 옮김, 「파리가 잡은 범인」, 해바라기, 2002
류장훈, '진드기, 살인범 잡았다 파리, 범행도구 찾았다', 중앙일보, 2014년 8월 30일
이민정, '[커버스토리] 손톱만 한 플라스틱이 로봇으로 변하는 법, 종이접기서 나왔죠', 중앙일보, 2015년 9월 13일
농림축산식품부 네이버 블로그 https://blog.naver.com/mifaffgov

4부 미래 사회의 변화는 융복합으로부터
〈YTN 사이언스〉 '도로 위 안내표시를 3D 입체로 만든다?' 편, 유튜브
조아라, '어? 글씨가 서 있네~', 동양일보, 2014년 8월 22일
네이버 블로그 '영화 아바타와 3D의 화려한 부활, 3D의 원리와 방식'
http://blog.naver.com/underphoto/70083005536
오키나 유리·야나가와 노리유키·이와시타 나오유키 지음, 이현욱 옮김, 「블록체인의 미래」, 한스미디어, 2018
네이버 블로그 '블록체인이란? 적용사례를 보며 이해해 보자' https://blog.naver.com/ifixon-dh/221225790085
네이버 지식백과-시사상식 사전, '블록체인'
김명희, '코닥, 이달 21일 최대 5000만달러 규모 ICO 추진', 전자신문, 2018년 5월 11일
이강봉, '블록체인이 만들어 낸 신기술', 사이언스타임즈, 2018년 1월 29일
장덕진, 「'제3자의 중앙집권'에 도전하는 블록체인」, 「시사인」, 제544호

그 외
최재천 외 11인, 「창의융합 콘서트」, 엘도라도, 2013
조숙경, 「잡스가 워즈워드의 시를 읽는 이유는」, 미래를소유한사람들, 2013
조재근, 「통계학, 빅데이터를 잡다」, 한국문학사, 2017
오형규, 「경제학, 인문의 경계를 넘나들다」, 한국문학사, 2013
공규택, 「우리말 필살기」, 추수밭, 2010
정재서 옮김, 「산해경」, 민음사, 1996
구보권, 「로봇 시대, 인간의 일」, 어크로스, 2015
최재천 외 9인, 「청소년을 위한 융복합 특강」, 사람의무늬, 2018
공성훈 외 11인, 성균관대 학술정보관 엮음, 「성균관대 융복합 특강」, 성균관대학교출판부, 2014
피터 왓슨 지음, 이광일 옮김, 「컨버전스」, 책과함께, 2017

교과서에 나오지 않는
융복합 이야기

초판 1쇄 펴낸날 2018년 8월 28일
초판 4쇄 펴낸날 2020년 3월 31일

지은이 | 공규택 김승원
펴낸이 | 홍지연
펴낸곳 | 도서출판 우리학교

편집 | 김영숙 정아름 김선현 박지연
디자인 & 아트디렉팅 | 정은경디자인
디자인 | 남희정 박태연
영업 | 이주은
홍보 | 최은
관리 | 김세정
인쇄 | 에스제이 피앤비

펴낸곳 | 도서출판 우리학교
출판등록 | 제313-2009-26호(2009년 1월 5일)
주소 | 03992 서울시 마포구 동교로23길 32 2층
전화 | 02-6012-6094
팩스 | 02-6012-6092
이메일 | woorischool@naver.com

ISBN 979-11-87050-65-0 43500